柔性直流电网工程技术丛书

高压直流断路器
结构与原理

柔性直流电网工程技术丛书编委会　组编

中国电力出版社
CHINA ELECTRIC POWER PRESS

内 容 提 要

本书为柔性直流电网工程技术丛书之一，以张北柔性直流电网试验示范工程为例，介绍了高压直流断路器的关键技术、典型类型、结构和原理。全书分为5章，主要内容有高压直流输电技术概况、高压直流断路器关键技术、机械式高压直流断路器、混合式高压直流断路器、耦合负压式高压直流断路器。本书中的实物照片、三维图像及试验数据均为工程人员实地拍摄、制作。

本书主要用于直流电网工程检修及运行人员了解、掌握直流断路器的结构和原理，也可作为本科院校或职业院校电力类专业师生的参考教材。

图书在版编目（CIP）数据

高压直流断路器结构与原理/柔性直流电网工程技术丛书编委会组编 . —北京：中国电力出版社，2021.11
（柔性直流电网工程技术丛书）
ISBN 978 - 7 - 5198 - 5508 - 6

Ⅰ.①高… Ⅱ.①柔… Ⅲ.①高压断路器－直流断路器 Ⅳ.①TM561

中国版本图书馆 CIP 数据核字（2021）第 055029 号

出版发行：中国电力出版社
地　　址：北京市东城区北京站西街 19 号（邮政编码 100005）
网　　址：http://www.cepp.sgcc.com.cn
责任编辑：雷　锦（010 - 63412530）
责任校对：黄　蓓　朱丽芳
装帧设计：赵姗姗
责任印制：吴　迪

印　　刷：北京天宇星印刷厂
版　　次：2021 年 11 月第一版
印　　次：2021 年 11 月北京第一次印刷
开　　本：710 毫米×1000 毫米　16 开本
印　　张：12.5
字　　数：230 千字
定　　价：75.00 元

柔性直流电网工程技术丛书编委会

本书编写成员

前　言

近年来，高压直流输电技术以其独特的优势得到了广泛的重视和应用。与交流输电技术相比，高压直流输电具有输电线路建设费用低、功率调节简单易行、无稳定性问题等优点，适用于超高压、大容量、远距离输电。以高压直流电网为可再生能源的汇集平台，可有效避免交流电网的电压、频率、功角等稳定性问题，为随机性较强的风电、光伏并网提供解决方案。但相对于交流输电系统灵活、多样的连接方式，世界上运行的柔性直流输电系统绝大多数仍采用两端系统，原因是当系统发生直流侧短路故障时，缺乏故障隔离和切除手段，这对直流断路器的应用提出迫切要求。随着直流输电技术的进一步发展，多端系统及直流联网成为未来发展方向，起着控制和保护双重作用的高压直流断路器设备成为制约柔性直流电网进一步发展的瓶颈。然而由于直流系统没有电流自然过零点，电弧无法像交流断路器那样自然熄灭，直流断路器需要自行创造电流过零点。而且在开断过程中直流断路器还需要快速耗散存储在系统电感中的大量能量，增加了直流故障电流的开断难度。这些问题使得大功率直流电流开断被称为世界电力工程领域的百年难题。

近年来在国内柔性直流输电技术飞速发展，自 2011 年南汇柔性直流工程投运以来，我国依次建设了南澳三端、厦门双端、舟山五端、鲁西背靠背、渝鄂背靠背工程，以及全球首个直流环网工程——张北柔性直流电网试验示范工程。随着柔性直流输电技术的研究与工程的成熟应用，柔性直流输电正经历着由直流电缆向架空输电线路，高压、超高压电压等级向特高压电压等级，双端及背靠背向多端、混合多端、直流电网方向发展，我国自主研发的高压直流断路器也已在三个柔性直流输电工程中得以运行，由探索阶段开始向大规模应用发展。在工程应用中我们已经解决了大功率高压直流开断问题，但是关于介绍高压直流断路器方面技术的图书还很少，本书正是在这样的背景下开始撰写的。本书介绍了高压直流断路器的技术发展过程以及直流断路器的关键技术，并重点对在张北柔性直流电网试验示范工程中得到应用的最新型、应用较广泛的高压直流断路器结构与原理进行了介绍。

本书由国网冀北电力有限公司组织编写，在编写过程中北京电力设备总厂有限公司、许继集团有限公司、思源电气股份有限公司、南京南瑞继保电气有限公司以及中电普瑞电力工程有限公司给予了大力支持，并在全书的总体结构以及关键技术上予以指导，在此表示衷心的感谢。

由于水平所限和时间仓促，书中难免存在疏漏和不妥之处，恳请广大读者批评指正。

编者

于北京

2021.10

目　录

第3章　机械式高压直流断路器 ····························· 38

第 1 章

直流电网与高压直流断路器

1.1 引言

1.1.1 清洁能源展望

进入 21 世纪以来，全球气候问题日益成为国际社会关切的重大问题，经济发展、能源安全及气候问题相互交织。常规化石能源和以可再生能源为代表的新能源构成了能源发展与竞争的新格局，也决定了今后能源发展的主要技术路线和发展方向。而今，技术进步和对环境的关注又悄悄改变了能源需求结构，能源来源多元化和多级化的特征进一步凸显。全球能源发展的三大路线和多元多级化方向，使得全球能源体系不断转型[1-3]。

BP（英国石油公司）指出，可再生能源的持续快速增长正在导致形成有史以来最多元化的能源结构，到 2040 年，石油、天然气、煤炭和非化石能源预计将各提供世界能源的约四分之一，超过 40% 的能源需求增长将来自可再生能源。

我国可再生能源分布集中，非常适合进行集中式开发，但我国主要能源消费地区集中在东南沿海等经济发达地区，大容量、长距离的西电东送，是中国能源流向的显著特征和能源输送的基本格局[4-6]。可再生能源由于具有能量密度低、存在间歇不连续等问题，大规模并网后会对电网频率和电压稳定性造成影响，为了缓解可再生能源的不连续性与能源需求连续性之间的矛盾，需要加快建立适应可再生能源发展的电力系统，使电网的发展向清洁化、智能化的方向转型。

综合传统直流输电技术和柔性直流输电技术，建立高压直流电网将是解决大规模可再生能源并网和消纳问题的有效手段，将在未来构建智能电网过程中发挥重要作用，吸纳各类分布式电源，实现广域范围能源资源的优化配置和高效利用。

1.1.2 直流电网及存在的技术问题

直流电网，包括高压直流输电和柔性直流输电的电网，均是由直流换流站以一定形式连接组成的电能输送系统。国际大电网会议工作组 B4.52 的技术报告对直流电网所做的定义为：直流电网是由多个网状和辐射状连接的由换流器组成的直流网络[7]。因此，直流电网最显著的特点是含有网孔、具备冗余，其运行方式也更加灵活多样[8]。目前，可以进行交直流能量转换的换流器主要有基于电网换相的换流器（Line Commuted Converter，LCC）以及自换相的电压源换流器（Voltage Source Converter，VSC）。

基于电网换相换流器的高压直流输电技术（LCC - HVDC）研究始于 20 世纪 50 年代，到 80 年代时高压直流输电关键技术逐渐成熟，应用于工程实践的高压直流输电项目电压等级不断提高。基于电网换相的换流器系统传输的有功功率是通过调节晶闸管触发角来控制的。大量的无功功率消耗在电力发送端的整流器以及电力接收端的逆变器上，这就需要在交流侧配置滤波器和电容器来补偿无功。在暂态条件下，无功功率的变化范围非常大，当潮流反转时，高压直流输电系统的极性需要反转，因此仅采用电网换相换流器的换流站不易组成直流电网。

在 1990 年，加拿大 McGill 大学的 Boon - Teck Ooi 等人提出一种以电压源换流器、自关断器件和脉宽调制（PWM）为基础的新型输电技术，即为柔性直流输电技术（VSC - HVDC）。随着功率半导体器件技术的进步、大功率绝缘栅双极型晶体管（Insulated Gate Bipolar Transistor，IGBT）的出现及脉宽调制技术（Pulse Width Modulation，PWM）和多电平控制技术的发展，基于自换相电压源换流器技术的柔性直流输电技术在近二十年得到了迅猛发展。与高压直流输电技术相比，柔性直流输电技术具有无功有功可独立控制、无需滤波及无功补偿设备、可向无源负荷供电、潮流翻转时电压极性不改变等优势，因此柔性直流输电技术更适合于构建多端直流输电及直流电网。

但是，以自换相电压源换流器为主的柔性直流输电技术还存在以下问题[9-13]：

（1）电力电子器件的设计及生产技术还未成熟，发生损坏的概率较高；

（2）电力电子器件及装置控制比较复杂，故障率比较高，设备可靠性不高；

（3）由于电容电感对直流的阻尼作用较小，所以，一旦直流输电线路发生短路故障，故障蔓延速度比较快。

在工程上，以自换相电压源换流器构建而成的直流电网，由于电力电子器件结构特点，在换流器闭锁后仍无法隔离故障，这为直流电网的运行和发展带来了挑战，下面将对直流电网的故障隔离技术进行重点介绍。

1.2 直流电网故障隔离技术

当前，随着能源需求的提高，直流输电系统已经从端对端工程逐渐向多端工程发展，且直流侧的输电线路开始互联，逐渐形成了直流网络，而交流电网再通过换流器与直流侧相连接，交直流电网互连在一起。一种典型的四端直流电网拓扑结构如图 1-1 所示。

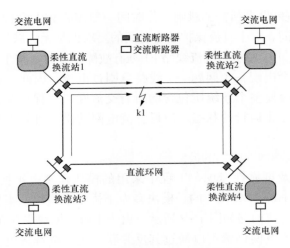

图1-1 多端柔性直流电网拓扑结构

直流形成网络后，系统运行可靠性得到大大提高，即便单条线路因为故障退出运行，其他线路仍然可以继续传输能量。然而要实现直流网络的高可靠性供电，首先需要解决直流侧故障后的隔离问题，即当一条直流线路发生故障后，需迅速将其进行隔离，否则将会发生过电流而导致整个系统全停，这是直流电网发展所面临的十分急迫的问题。直流电网无法与交流电网相比，阻尼较小，直流故障发展速度快，且直流电流无过零点，直流开断十分困难。目前主要的故障隔离方法有依靠交流断路器隔离、依靠带故障清除能力的换流阀隔离和通过直流断路器的隔离。

1.2.1 交流断路器隔离故障

在工程实践应用初期，隔离直流故障一般会跳开交流侧断路器。这种方法比较简单。例如在图1-1所示的多端柔性直流电网中，当直流侧有故障发生，为了保护直流系统中的换流阀及其他直流设备，直流保护会向所有交流侧断路器发出跳闸信号，断路器跳开后交流侧不再向有故障点的直流侧供给短路电流，随后直流侧的线路故障电流会一直衰减到零，故障线路再利用直流开关予以切除，这样就实现了隔离直流故障的目的[14-16]。

这种方法在直流工程中易于实现，但是存在明显的缺点，主要包括以下两方面。

（1）实际上由于直流系统较交流系统的阻尼要小得多，因此在直流故障发生时，故障电流往往具有很快的上升速度，产生很大的过电流值，并在几毫秒内达到很高的水平，严重危及直流系统相关设备的安全及可靠运行[17-21]。因此，为了保护直流系统和换流阀，防止直流故障造成的损害，一般要求直流保护在几毫秒时间内能够完成全套的保护动作（包括故障识别时间和断路器跳闸时间）。但是，交流断路器所需的跳闸动作时间一般需要数十毫秒，即便不考虑故障识别所需的时间，对于直流保护动作时间的要求也是无法满足的。

（2）当图 1-1 中所示的直流线路 k1 处有故障发生时，整个的直流系统所包含的所有线路都会出现一个问题——线路急剧过电流，因此，这种基于交流断路器跳闸的方法会使整个系统所包含的所有交流断路器保护跳闸，最终导致整个直流系统进入停止运行的状态，使得直流电网的供电可靠性和抗干扰能力无法得到保证。

1.2.2 带故障清除能力的换流阀

出于经济性及可靠性考虑，工程中采用的模块化多电平换流器（Modular Multilevel Converter，MMC）的子模块多为半桥型子模块。半桥型 MMC 换流阀双极短路故障电流回路如图 1-2 所示，由于半桥子模块中存在反并联二极管，换流器闭锁后交流电网仍然可以通过其反并联二极管继续放电，相当于三相交流短路，无法实现故障的自清除。

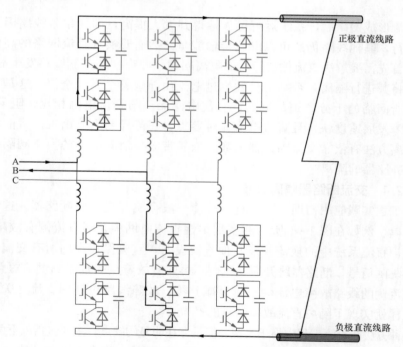

正极直流线路

A
B
C

负极直流线路

图 1-2　半桥型 MMC 换流阀双极短路故障电流回路

对于 MMC 换流器，可以考虑采用具有故障清除能力的子模块来代替半桥子模块，可以达到清除和隔离直流侧故障的目的。例如采用如图 1-3 所示全桥结构的子模块拓扑结构[22]，在直流侧发生故障时，借助于二极管的单向导电的特性，可以通过主动闭锁换流阀，使全桥子模块的储能电容对故障回路提供反向电动势的同时吸收故障回路的能量，任意方向的故障电流都可以对子模块储能电容充电并迅速衰减，从而实现故障回路的阻断。当直流故障电流衰减至零后，再分断故障线路两侧的隔离开关，使故障线路被隔离，最后将已闭锁的换流站重新解锁，恢复系统运行。

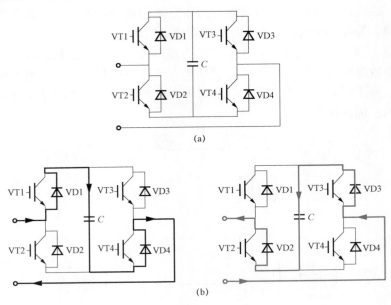

图 1-3　全桥子模块拓扑结构及电流回路

（a）全桥子模块拓扑结构；（b）子模块闭锁后电流回路

　　这种方法虽然无需增加额外设备，但是也存在较为明显的缺点，主要包括以下两个方面。

　　（1）具有故障清除能力的子模块会带来成本的增加以及使控制更复杂。以全桥子模块为例，它采用的 IGBT、二极管是半桥子模块的两倍，导致其运行损耗也是半桥子模块的两倍，换流器投资成本大量增加，却无法获得与之相匹配的经济收益，所以基于全桥子模块的换流器整体性价比较低，同时需要一个较为复杂的控制系统轮换导通各个模块中的 IGBT，除此之外还需要解决子模块开断时的散热及损耗问题，诸多原因使其在实际工程应用中受到较大限制。

　　（2）带有故障清除能力子模块的换流阀虽然可以实现故障线路的隔离，但整个直流网络中的所有换流阀都将会闭锁，会造成整个系统功率短暂缺失，此时直流侧隔离开关的分断时间决定了整个系统的闭锁时间。对于图 1-1 所示的直流电网来说，换流站是整个电网系统的功率来源和负载接口，当任意一条直流线路故障时，图中所有换流阀都需要闭锁，相当于切除了所有电源和负荷。这样将不能发挥直流电网线路冗余带来的可靠性优势，还有可能将故障范围扩大。

1.2.3 直流断路器隔离故障

直流断路器隔离故障，需首先通过换流站直流控制保护完成对故障位置的检测与识别，再由具备开断直流电流能力的高压直流断路器动作完成故障线路的隔离。故通过在直流线路两侧配置高压直流断路器，可实现在数毫秒内隔离直流故障，保障换流阀在直流系统中持续稳定的运行。

以图1-4所示的直流环网为例，若出现直流电网中单条线路故障被隔离的情况，由故障线路输送的功率可通过其他直流线路代替传输，避免了电能输送的中断，换流阀无需闭锁，可见采用高压直流断路器隔离故障是当前直流组网方式中的较优选择之一。

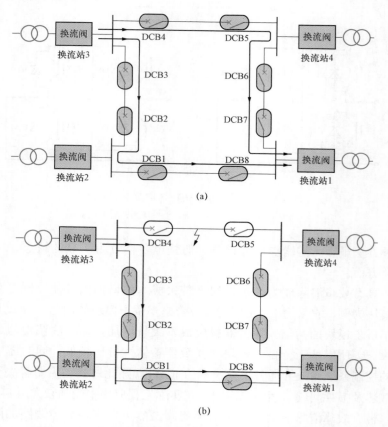

图1-4 配置直流断路器的直流环网故障前后功率传输通道

(a) 故障前功率传输通道；(b) 故障后功率传输通道

DCB1～8—高压直流断路器

需要指出的是，由于材料和技术原因，目前还没有研发出真正意义上的高压直流断路器，国内外工程应用的主要为高压直流断路器功能的技术方案，故在本书中的高压直流断路器拓扑结构用 DCB 表示，简称断路器。组成高压直流断路器拓扑的其他断路器均用开关、断口等予以区分。

直流电网的安全可靠稳定运行要有高压直流断路器作为保障。同时直流电网组网建设中最大的挑战之一也是研制满足要求的高压直流断路器。具体原因表现如下。

（1）在多支线的直流输电系统中，若未装设直流断路器，当某一支线发生事故时，则不仅这条支线而且与此支线相连接的全部换流器都必须同时停电。

（2）交直流换流站的出线，若无直流断路器，会比双母线交流送电的可靠性还要低。采用直流输电作为基干系统的情况下，高压直流断路器极为重要。

（3）只有通过高压直流断路器连接各个换流站和直流线路，才能有选择性的切除故障，真正实现多电源供电和多落点受电。

（4）与交流系统相比，直流故障电流缺乏自然过零点，要实现其可靠开断，需要人工创造电流零点，同时还需要吸收储存于直流系统感性元件中的巨大能量，因此高压直流断路器的设计较高压交流断路器难度大得多。

（5）柔性直流电网故障扩展快、电流上升快，对换流站等设备冲击大，若无可靠措施，为保障设备安全一般在几个毫秒后全网换流器将会闭锁退出运行，为实现直流电网健全区域持续运行，高压直流断路器需要在换流器闭锁前完成分断[23-27]。这对高压直流断路器的技术性能提出了很高的要求。

1.3 高压直流断路器的技术要求及分类

1.3.1 直流电网对高压直流断路器的技术要求

市场上能够满足直流输电工程应用的高压直流断路器产品十分缺乏，严重限制了多端直流输电特别是直流电网的发展。针对这种情况世界各国都加大了对直流断路器的研发力度。直流输电工程对高压直流断路器提出了如下性能要求：

（1）具备快速可靠清除直流故障的能力；
（2）具备强开断能力，能够切断较大容量的故障电流；
（3）具备迅速耗散直流线路中残余能量的能力；
（4）在开断时设备元件能够承受较强的电压与电流；
（5）具备多次电流开断能力，寿命长；
（6）具备快速重合闸能力。

此外高压直流断路器还需要根据工程实际考虑配置的经济性、应用的灵活

7

性和未来的扩展性等问题。例如，在直流输电系统中高压直流断路器要长时间的运行，其数量在未来直流网络中将多于换流阀，因此为保障整个直流系统运行的经济性，必须缩小自身体积并将其运行损耗控制在较低的水平。高压直流断路器应用在直流网络中应能够实现双向导通和双向电流的分断，配合直流系统灵活可控的调节潮流。高压直流断路器还应具备模块化设计，易于市场化生产，同时具有兼容性，可以满足不同电压等级直流工程的应用需求。

高压直流断路器拓扑原理复杂多样，根据其开断直流电流的形式及自身结构特点，可主要分为机械式高压直流断路器、固态高压直流断路器、混合式高压直流断路器，以及在此基础上衍生的其他形式的高压直流断路器。下面将依次展开介绍。

1.3.2　机械式高压直流断路器

机械式高压直流断路器将机械开关应用于不同的直流开关电气拓扑中，加以改造之后用于直流系统之中，采用人工产生过零点，应用交流开断原理以实现直流电流的开断。

在低压小电流直流系统中，利用交流机械开关改造的机械式直流断路器，一般可以通过增大电弧电压、分段串接限流电阻或控制磁场气体发电断流等方法，限制直流电流下降至足够小以实现直流电流过零熄弧开断。但在高压大电流直流系统中，上述方法不可行，应在机械式直流断路器拓扑结构基础上做适当改造，并增加能够在开断直流电流过程中自动形成高频振荡电流产生"人造"过零点的振荡换流回路，以解决机械式直流断路器切断高压大电流直流系统的燃弧问题[28-29]。

根据产生振荡方式的不同，机械式直流断路器的灭弧方式一般分为自然振荡灭弧与强制振荡灭弧。

（1）自然振荡灭弧。在19世纪70年代初，美国通用公司的专家就提出了采用振荡换流熄弧的机械式直流断路器[30]，开断能力为80kV/30kA。其拓扑结构如图1-5所示，主要在交流机械开关回路并联含有电容器和电抗器的振荡换流回路和过电压放电回路以及避雷器组成的能量吸收回路，实现直流电流的分断。

机械式直流断路器自然振荡灭弧方案主要利用机械开关电弧负阻抗性质，与并联的电抗器、电容器串联电路产生谐振创造电流过零点熄弧。该方案具有控制回路简单，回路可靠性高、稳定性高等优点，广泛应用于高压直流输电系统。其缺点为在开断过程振荡换流回路在机械开关回路产生正过零点的同时，在开关断口上叠加的振荡电流甚至大于直流电流幅值，这样会增大开断电流的难度，使直流断路器机械开关回路分闸时产生的电弧更大，直接影响直流断路器机械开关的寿命。此外，当开关端口电弧电流大到一定程度后，电弧负阻抗特性就变得很不明显，不能保证振荡回路产生的振荡电流能够稳定振荡到可产

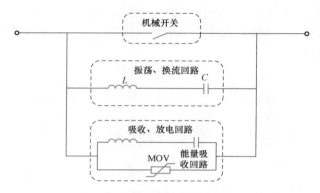

图 1-5 机械式高压直流断路器拓扑结构

生机械开关过零点的幅值。

总体而言，自然振荡灭弧的机械式断路器具有通态阻抗低、通态损耗小、控制回路简单、耐压能力强等优点，但同时也存在分断动作时间长和分断电流能力有限的缺点，在柔性直流输电系统中要求直流断路器能够在几个毫秒内开断直流电流，这使自然振荡灭弧的机械式直流断路器难以满足现代柔性直流输电系统需求。

在实际工程中，自然振荡灭弧的机械式直流断路器主要用于分断高压直流系统中的正常运行电流，又被称高压直流转换开关。此外，机械式直流断路器在每次分断直流电流的过程中都会有电弧产生，电弧燃烧会使机械式直流断路器的使用寿命低于其他形式直流断路器的使用寿命。除此之外，自然振荡灭弧的机械式直流断路器需要采用耐受较高弧压的充 SF_6 等气体的机械开关，现有的普通开关难以满足其长时间燃弧的要求，所需要的检修维护费用也比较高。

（2）强制振荡灭弧。强制振荡灭弧是利用外部电源，通过预先在高压直流断路器动作前对其振荡回路中的电容进行充电，控制其在开断时进行触发，利用其产生的高频振荡电流强制电弧电流过零，从而完成断路器的开断。强制振荡灭弧与自然振荡灭弧的区别在于其振荡电流的幅值较大，开断容量大且成功率高。但其每次完成开断后均需重新对电容进行充电，增加了预先对振荡回路中电容充电、控制开断时产生强制振荡电流等环节，从而使得控制装置复杂且成本较高。

文献［31］提出了一种强制振荡灭弧式机械式高压直流断路器拓扑结构，如图 1-6 所示。相对于传统机械式直流断路器，该拓扑通过利用空芯式耦合变压器，从而将整个断路器分成高压部分和低压部分。该断路器的主要优点为：通过采用耦合变压器，将位于换流支路高压部分的触发开关转移到了低压部分，大幅降低了触发开关的电压等级和驱动控制难度；同时，其预充电电容 C_1 位于低压部分，降低了绝缘要求，解决了高电位充电的难题；位于高压部分的电容C_2无需长期耐压通流，显著降低了其成本及体积，进一步提高了机械式高压直流断路器的经济性。

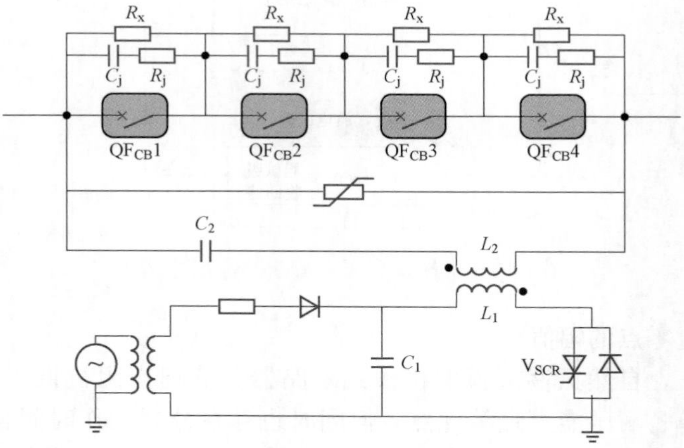

图 1-6　强制振荡式机械式高压直流断路器拓扑结构

QF_{CB}1～4—断口（快速机械开关）；V_{SCR}—晶闸管（可控硅）

强制振荡式高压直流断路器叠加的反向电流幅值可控，在技术上易于实现。由于此类断路器具有较强的开断能力，使得机械开关熄弧时间得以缩短，直流断路器整体分断速度得以提高。但是，由于其增加了辅助电源，使得强制振荡灭弧的机械式直流断路器的体积和成本进一步增加，且结构复杂，从而降低了其整体的可靠性。

1.3.3　固态高压直流断路器

固态高压直流断路器 SHVCB（Solid - state High Voltage Circuit Breaker，SHVCB）是将电力电子开关作为主分断器件，与机械式高压直流断路器相比主要有以下优势：分断速度快（微秒级）；工作原理简单，控制易于实现；进行直流电流开断时不产生电弧，断路器寿命较长。根据目前使用的可控半导体器件类型，固态直流断路器主要分为半控型固态高压直流断路器和全控型固态高压直流断路器[32-33]两种。

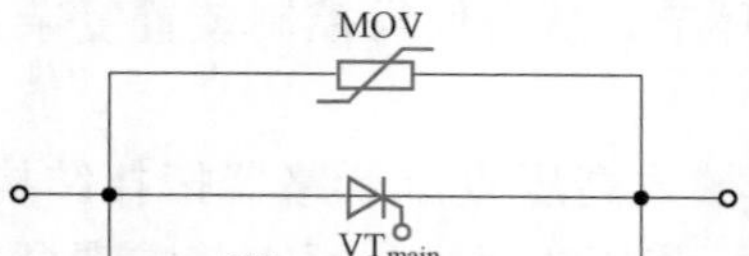

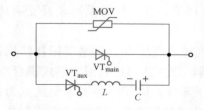

图 1-7　半控型固态高压直流断路器拓扑结构

（1）半控型固态高压直流断路器。半控型固态高压直流断路器主通流支路采用的是晶闸管，其拓扑结构如图 1-7 所示。VT_{main}为主支路通流晶闸管阀，VT_{aux}为辅助关断晶闸管阀，C为储能电容，L_{br}为辅助回路中的杂散电感，MOV 为耗能支路，在电容器C需配置一直流辅助电源，正常工作时通过该电源将电容器 C 充电至相应电压。

在正常运行时，直流系统电流通过主支路晶闸管阀 VT_{main} 通流。而在发生故障时候辅助晶闸管阀 VT_{aux} 被导通，在辅助回路储能电容电压作用下，故障电流被强迫换流至辅助回路，这时主支路的电流将会降到零，主支路阀 VT_{main} 也会关断。随后故障电流会继续给储能电容充电，当其两端电压值达到耗能支路 MOV 中的避雷器动作电压时，故障电流全部转移到避雷器中，此时辅助晶闸管阀 VT_{aux} 也会关断，待避雷器把能量全部吸收完毕后电流变成零，整个分断过程结束。

（2）全控型固态高压直流断路器。全控型固态高压直流断路器通过大量串、并联的全控型电力电子器件（如 GTO、GTR、IGBT、IGCT 等）作为直流断路器的稳态通流支路，在需要阻断直流电流时，可通过对电力电子器件的直接闭锁实现，故障电流将迅速转移至耗能支路 MOV 中，常见的拓扑结构如图 1-8 所示，其中 L_{main} 为主通流支路杂散电感，VT_{main} 为全控型器件串并联构成的电力电子开关，可实现双向电流分断功能。

全控型固态高压直流断路器，相比其他结构的直流断路器，关断速度极快，大大降低了故障对直流系统造成的影响，但全控型电力电子器件耐压能力普遍比晶闸管差，同一电压等级的全控型高压直流断路器所需要的电力电子器件较其他直流断路器更多，致使单个器件价格较高，整体经济性较差。从技术角度来看，大量全控型器件串并联结构面临的动、静态均压均流问题也比较大。

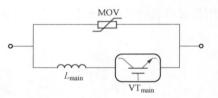

图 1-8　全控型固态高压直流断路器
拓扑结构

由上可知，半控型固态直流断路器与全控型固态直流断路器相比，设备耐压水平较高，电流分断能力更强，且晶闸管价格便宜，整体经济性好。但是晶闸管无法控制关断，需要增加高压电容器和充电电源辅助晶闸管关断，这就在一定程度上增加了整体设备的控制难度和占地面积，而供能系统中的辅助电源也面临着高电位绝缘的问题。总体而言，固态高压直流断路器能够实现快速、无弧的电流分断，是很有吸引力的选择，只是通态损耗很高，往往占换流站传输功率的 30%，限制了其工程化的应用前景[34]。

1.3.4　混合式高压直流断路器

2012 年 ABB 公司率先提出一种采用传统开关技术与 IGBT 等半导体器件组成的高压直流断路器拓扑结构[35]，即混合式高压直流断路器，拓扑结构如图 1-9 所示，其主通流支路由快速隔离开关和少量 IGBT 串联构成，转移支路则由若干 IGBT 反向串联的子模块串联构成，以满足双向开断的需求，每个子模块与避雷器并联，以吸收开断后线路中的残余能量。

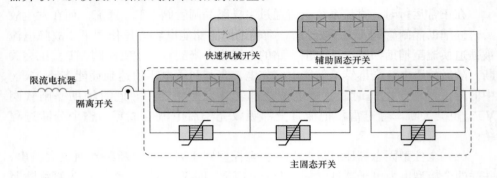

图 1-9　ABB 混合式高压直流断路器拓扑结构

　　ABB 公司针对该混合式高压直流断路器拓扑结构完成了额定电压 80kV、额定电流 2kA、分断时间 5ms、分断电流 8.5kA 的样机研制，如图 1-10 所示。该拓扑方案通过电流转移的思想，顺利实现了高压直流开断，但其电力电子开关结构采用的反串联的结构，IGBT 半导体利用率只有 50%，工程应用经济性欠佳。

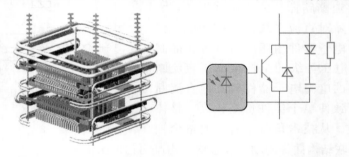

图 1-10　ABB 公司混合式高压直流断路器样机示意图

　　国家电网全球互联网研究院（以下简称国网联研院）提出了一种采用全桥模块级联的混合式高压直流断路器拓扑结构[36]，如图 1-11 所示。和 IGBT 直接反串联的混合式高压直流断路器类似，全桥模块级联的混合式高压直流断路器由主支路、转移支路和耗能支路 3 条并联支路构成，共同完成高压直流断路器的分断过程。其中，主通流支路由一组快速机械开关和部分 IGBT 全桥模块串联构成，在直流系统正常运行时用于导通直流系统负荷电流，由于快速机械开关在闭合状态下通态阻抗小，主支路电力电子器件数量少，因此全桥模块级联的高压直流断路器在正常运行时损耗较小。其转移支路由多级全桥电力电子模块串联构成，用于承受一定时间的故障电流，实现故障电流的分断和隔离，并通过换流将故障电流转移至全桥模块电容中，电容被充电建立暂态分断电压；耗能支路由多避雷器串并联组成，用于吸收高压直流断路器单次开断及故障下重合再次开断所需的总能量，并能抑制高压直流断路器暂态分断电压。

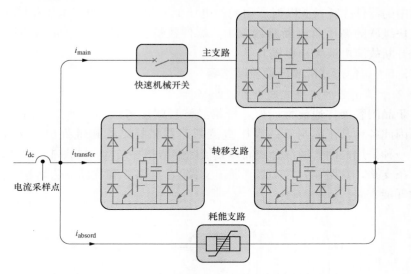

图 1-11　全桥模块级联全桥型混合式高压直流断路器

全桥模块级联混合式高压直流断路器主通流支路和转移支路的基本组成单元由电力电子全桥模块构成，其子模块拓扑结构如图 1-12 所示。4 个带反并联二极管的 IGBT 构成电流通路，模块电容 C_{sm} 以及放电电阻 R 构成缓冲回路。C_{sm} 用于限制断路器的电压上升率，起到动态均压的效果，C_{sm} 值越小，充电时间越短，换流时间越短。R 用于为储存于 C_{sm} 中的能量提供放电回路，R 取值较大，能满足瞬间放电要求。C_{sm}、R 共同抑制开断过程中电压、电流的冲击，保证全桥模块的均压。

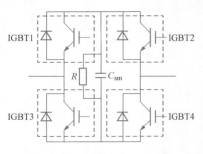

图 1-12　全桥子模块拓扑结构

全桥子模块在级联全桥直流断路器中的工作模式较为简单，通过模块中所包含的 4 个 IGBT 来实现全桥模块的工作逻辑，保持相同的运行状态，即同时开通或者同时关断。当模块中 4 个 IGBT 均处于开通状态时，系统电流经 IGBT 和续流二极管导通，正反向电流回路相互对称，均可流通。当全桥模块中 4 个 IGBT 均处于关断状态时，系统故障电流通过续流二极管向全桥模块电容 C_{sm} 充电。因此，级联全桥子模块只存在导通状态和闭锁状态 2 种工作状态。

基于 IGBT 直接串联技术和全桥模块级联技术的两种混合式高压直流断路器

在换流原理上类似，但也存在技术差异。全桥模块级联技术能够显著提高各级模块间的动态均压，提升单个全桥模块的关断电流能力，降低模块中 IGBT 在关断过程中的器件损耗及关断时所耐受的电压上升幅度。在额定电压相同情况下，全桥模块级联的高压直流断路器 IGBT 器件数量虽然是直接串联拓扑结构的 2 倍，但开断故障电流大小也提升了 2 倍。

1.3.5 其他形式的高压直流断路器

1. 基于晶闸管的混合式高压直流断路器

由于晶闸管器件通流性能好，价格经济且耐压等级高，适用于高压大功率场合，因此各种基于晶闸管的高压直流断路器拓扑结构相继提出。文献［37］提出了一种采用晶闸管的混合式高压直流断路器拓扑结构，如图 1-13 所示，共分为 4 条支路，支路 a 为主支路（通流支路），支路 b 和支路 c 为转移支路，支路 d 为耗能支路。

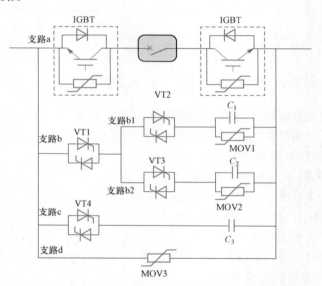

图 1-13   基于晶闸管的混合式高压直流断路器

支路 a 主要由 IGBT 和快速机械开关构成，通过将主通流支路中的 IGBT 闭锁并分断快速机械开关将故障电流转移到由晶闸管阀和电容构的转移支路。支路 b 中 C_1、C_2 为低压大电容，两端分别并联 MOV1 和 MOV2，使得快速机械开关分断过程中的电压上升速率得到抑制，并将电压可靠限制在较低的幅值。

该拓扑由 ALSTOM 公司提出，并在 2014 年完成了样机研制，如图 1-14 所示，整机额定电压为 120kV，额定电流为 1.5kA，分断电流为 5.2kA，分断时间为 5.3ms。该方案的拓扑结构通过采用晶闸管来控制电流的开断，降低了电力电子器件使用数量从而降低了设备总体成本，但由于晶闸管的关断需要依靠辅助电路来实现，且该高压直流断路器需要大量的电容器组，导致整机集成不易实现、占地面积较大。

图1-14　ALSTOM公司高压直流断路器样机示意图

2. 组合式高压直流断路器

在直流网络内，高压直流断路器的配置数量十分可观，但受限于目前电力电子器件的制造能力，高压直流断路器制造成本居高不下。这也是制约直流断路器以及直流电网的发展的重要因素之一。基于此，文献［38］提出一种组合式高压直流断路器，该直流断路器针对直流网络进行设计，适用于目前直流电网高压直流断路器的配置情况。该高压直流断路器的基本拓扑结构如图1-15所

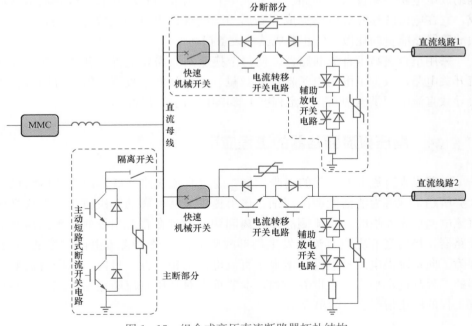

图1-15　组合式高压直流断路器拓扑结构

示，主要由主断部分与分断部分组成。其中主断部分包含主动短路式断流开关以及隔离开关，分断部分包括电流转移开关、快速机械开关和辅助放电开关电路。主动短路式断流开关的高压端一端直接接地，另一端与隔离开关的一端相连，隔离开关的另一端连接至直流母线。

主动短路式断流开关电路决定了该直流断路器的开断能力，是组合式高压直流断路器的核心设备。其主断路器与混合式高压直流断路器转移支路采用相同的技术路线，开断能力相当。多个开关单元串联而成的主动短路式断流开关电路具备直流大电流开断能力，开关单元由多级单向串联的 IGBT 及反并联二极管组成，每个开关单元配备独立的避雷器。同时，通过采用并联结构的 IGBT 可以显著提升其开断电流能力。需要注意的是，主动短路式断流开关电路仅需具备单向电流开断能力，这也是与混合式直流断路器转移支路最大的区别。

分断部分连接在直流母线和直流线路之间，其配置数量与换流站的直流出线数目相同。分断部分由快速机械开关和电流转移开关电路组成。快速机械开关与直流母线出线相连，另一端连接至电流转移开关。辅助放电开关电路的高压端与电流转移开关的另一端相连，其低压端直接接地。快速机械开关以及电流转移开关的结构与混合式高压直流断路器主支路结构相似。辅助放电开关以及放电电阻串联组成辅助放电电路。辅助放电开关具备快速闭合能力，能够使辅助放电电路快速投入主回路。辅助放电开关由晶闸管反并联二极管后级联而成，它在电流转移开关电路完成开断后为线路继续提供一个放电回路，从而加快故障线路能量的耗散，防止造成其他设备损坏。

采用组合式高压直流断路器，使每个换流站只需要配置一套主动短路式断流开关电路，减少了电力电子器件的数量，大大降低了投资，但是分断过程中会导致直流电网供电中断，一定程度上影响电网的可靠性。

1.4　高压直流断路器的工程应用

随着未来直流电网工程的逐步发展，通过直流线路互联形成直流网络已是大势所趋，这将为清洁能源的消纳、送出提供灵活可靠的解决方案，形成高压直流电网首先面临的是直流侧故障隔离问题，通过在直流出线侧配置高压直流断路器，将彻底解决在直流侧发生局部故障时需要整个直流电网陪停的问题，保障了向系统供电的持续性，增强了直流电网的稳定性。目前，国产直流断路器的工程制造水平已走在世界前列，本节重点对高压直流断路器在三个柔性直流工程的应用情况进行简单介绍。

1.4.1　舟山±200kV 五端柔性直流科技示范工程

舟山电网属于典型的海岛型电网，受海岛地理条件限制，岛屿间相互联系较弱，为增强其电网架构，提高海岛的供电能力与可靠性，国家电网公司在舟山建设了±200kV 五端柔性直流科技示范工程（以下简称"舟山工程"）。工程于 2014 年 7 月投运，采用模块化多电平换流器，伪双极接线，建设有舟定、舟岱、舟衢、舟泗、舟洋 5 座换流站，直流电压等级为±200kV，各换流站设计容量为 400、300、100、100、100MW[39]，如图 1-16 所示。

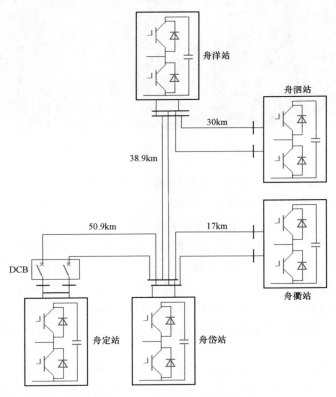

图 1-16　舟山工程一次接线图

模块化多电平换流器在系统发生直流双极短路故障后，由于二极管的续流效应，闭锁后不能切断电流，不能快速实现直流故障的自清除，5 个站之间都是通过隔离断路器相连，一旦直流输电线路或者某个换流站内部发生故障，系统中其他几个健全站必须同时陪停，待故障隔离后再重启。为解决舟山工程存在直流侧故障无法快速隔离，直流系统无法快速重启动的问题，2016 年国家电网公司在舟定站正负极线路上各加装 1 台直流断路器。所加装的 2 台直流断路器均采用全桥模块级联型混合式技术路线，拓扑结构如图 1-11 所示，2016 年 12

月舟山五端柔直示范工程成功挂网运行，初步实现了带电投退保护跳闸等功能，具备工业应用的基础，如图1-17所示。2019年5月20日，200kV高压直流断路器在舟山工程舟定换流站成功进行了人工短路试验，其在实际系统短路情况下的性能得到检验，为我国直流短路相关技术积累了经验。

图1-17 舟山工程±200kV直流断路器

1.4.2 南澳±160kV多端柔性直流输电示范工程

广东省南澳岛风能资源丰富，为破解清洁能源送出难题，南方电网公司于2013年底建设并投运了世界首个多端柔性直流工程—南澳±160kV多端柔性直流输电示范工程（以下简称"南澳工程"）。该工程包括塑城（受端）、金牛（送端）和青澳（送端）3个换流站，如图1-18所示，远期将扩建塔屿换流站（送端），变成四端柔性直流工程[41]。已建成的塑城、金牛和青澳站设计容量分别为200、100MW和50MW，采用基于半桥型模块化多电平换流器。工程主要作用是将南澳岛上分散的间歇性清洁风电通过青澳站和金牛站接入并通过塑城站输出。

图1-18中青汇线为架空输电线路，因此发生单极接地故障的概率较高，在工程设计之初，直流侧线路上并未安装可切断直流故障电流的分断设备，在架空线路故障后，只能采取三站全停的策略，工程运行可靠性不高。为破解此难题，2017年南方电网公司通过在青澳站至金牛站汇流母排之间的极1和极2线路上加装了2台高压直流断路器，同时对控制保护策略进行改造来实现对线路故障的隔离，保障非故障换流站继续正常运行[42]。

所加装的这2台高压直流断路器均采用机械式高压直流断路器技术路线，拓扑结构如图1-6所示。此方案通过采用耦合变压器，将位于换流支路高压部分的触发开关转移到了低压部分，解决了机械式直流断路器高压预储能、快速触发、快速分断等技术难题，是世界上首次应用于柔性直流输电工程的机械式

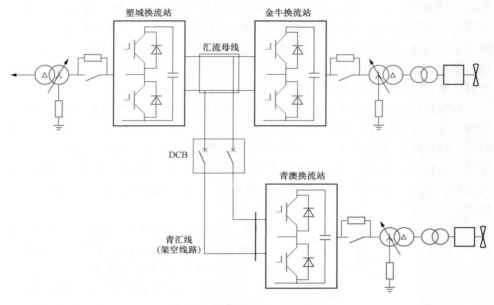

图 1-18　南澳工程一次接线图

高压直流断路器。2017 年 12 月，该机械式高压直流断路器正式投运，如图 1-19 所示，在直流线路人工短路试验中，成功开断了直流故障电流，大幅提高了南澳工程运行的灵活性和可靠性。

1.4.3　张北可再生能源 ± 500kV 柔性直流电网试验示范工程

根据发展规划，张家口地区 2030 年可再生能源装机规模将达到 50GW，外送需求突出。北京地区经济发达，能源需求量大，为满足节能减排要求，需逐步提高外来电比例和可再生能源电量比重。

图 1-19　应用在南澳工程的机械式高压直流断路器

为解决张家口地区大规模风能、光伏等清洁能源的送出问题，国家电网公司在北京、河北投资建设了世界首个柔性直流电网——张北可再生能源柔性直流电网试验示范工程（以下简称"张北工程"），张北工程是集大规模可再生能源的友好接入、多种形态能源互补和灵活消纳、直流电网构建等为一体的重大

19

科技试验示范工程。其工程核心技术和关键设备均为国际首创，创造了 12 项世界第一，创新引领和示范意义重大。工程在世界上率先对直流电网技术进行了研究，首次建设了四端柔性直流环网，把柔性直流输电电压提升至 ±500kV，单换流器额定容量提升到 150 万 kW，首次研制并应用直流断路器、换流阀、耗能装置、直流控制保护等直流电网关键设备。

根据地区电网的分布以及发展规划，张北工程总体方案是在河北的张北、康保、丰宁建设中都、康巴诺尔、阜康 3 个 ±500 kV 送端柔性直流换流站，中都站、康巴诺尔站汇集张家口地区的风能、光伏新能源，阜康站与建设中的丰宁抽水蓄能电站相连，通过张北工程对张家口地区新能源进行汇集和调节，在北京建设延庆 ±500 kV 受端柔性直流换流站，向北京地区供电[43]，如图 1-20 所示。

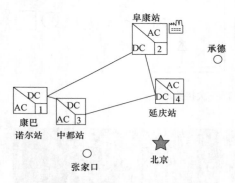

图 1-20 张北工程四端直流环网

张北柔性直流电网首次全部采用架空直流输电线路，运行过程中遭受雷击、山火、异物短接等故障概率大大增高，直流故障往往发展速度快，为快速清除、隔离线路故障，避免直流系统全停局面，张北工程中在每条直流线路上加装了两台高压直流断路器，如图 1-21 所示。

张北工程中每个换流站配置 4 台高压直流断路器，分别采用了混合式（12台）、机械式（2 台）、耦合负压式（2台）三种技术路线共计 16 台高压直流断路器，如图 1-22 所示，每台高压直流断路器均可在 3ms 内分断峰值 25kA 的直流故障电流。2020 年 6 月，张北工程中所安装的 16 台高压直流断路器全部通过人工接地试验，经受住瞬时短路电流的冲击。张北工程对高压直流断路器技术提出新的挑战，是目前世界上拥有高压直流断路器最多、技术类型最多、开断能力最强的直流电网工程，极大促进了高压直流断路器在工程中的推广应用和直流电网技术的发展。

舟山工程与南澳工程均属于多端柔性直流电网工程，这两个多端柔性直流电网工程中所加装的高压直流断路器，分别对混合式高压直流断路器以及机械式高压直流断路器的工程化应用进行了验证，为后续高压直流断路器深层次的应用积累了宝贵经验，由于当时处于技术探索阶段，高压直流断路器造价昂贵且没有经验借鉴，因此每个工程中只加装了 2 台高压直流断路器，加之工程电压相对较低、容量较小，高压直流断路器所面临的各种复杂工况也无法得到很好的考核。张北工程在世界上首次将直流组成了环网，且将柔性直流电网工程电压等级提升到 ±500 kV，加之输电线路全部采用架空线路，直流环网的输电可

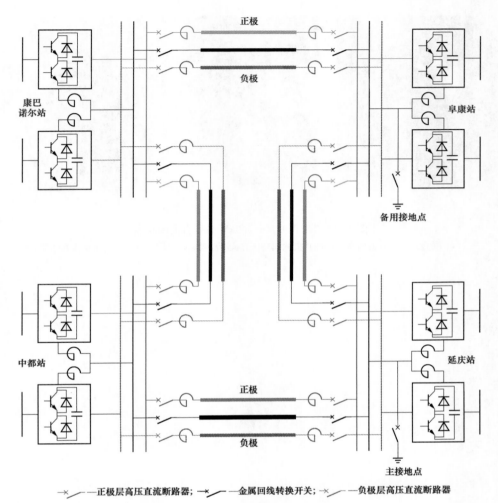

图 1-21   张北柔性直流电网一次接线图

靠性迫切需要直流断路器提供保障，同时多种多样的运行方式及所面临的工况也将实现对直流断路器较为全面的考核，该工程中所采用的直流断路器一定程度上代表了未来直流断路器的工程发展方向，因此本书将在后续章节中重点对在张北工程中得到应用的混合式、机械式及耦合负压式直流断路器进行深入介绍。

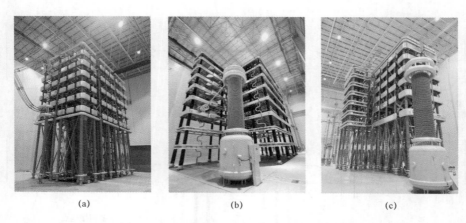

(a)　　　　　　　　　　　　(b)　　　　　　　　　　　　(c)

图 1-22　张北工程±500kV 高压直流断路器

（a）混合式高压直流断路器；（b）机械式高压直流断路器；（c）耦合负压式高压直流断路器

第 2 章
高压直流断路器关键技术

目前高压直流断路器的工程化应用仍然面临着一系列难题，本章梳理了高压直流断路器在工程应用过程中的技术难题，主要从技术发展的宏观层面分别对拓扑结构优化、大容量阀组、快速机械开关技术、高电位供能、避雷器串并联技术以及整机集成等高压直流断路器所面临的共性问题进行了阐述，针对研制 500kV 或更高电压等级的高压直流断路器所需要关注的关键点和难点进行了介绍，并延展出了今后研究方向。

2.1 高压直流断路器拓扑结构优化

高压直流断路器是构建柔性直流电网的关键设备之一，对保证柔性直流电网可靠经济运行意义重大。交流电网故障电流存在自然过零点，在交流电流自然过零点可实现熄弧。与此相比，同等容量下直流电流的开断要困难许多，主要因其没有"自然过零点"，难以实现熄弧，在高电压、大电流工况下，这一问题显得更加困难，研究适合柔性直流电网的高压直流断路器拓扑结构是研制断路器的前提，同时需要兼顾技术经济性和设备可靠性。

2.1.1 关键点与难点

1. 换流方式

在目前各种技术路线的高压直流断路器原理上，共性是均由多条不同的支路构成，在直流断路器的开断过程中，需要将故障电流在不同的支路中进行换流，换流方式的可靠性从根本上决定了高压直流断路器分断的可靠性，换流时间也直接影响到直流故障电流开断的速度。常见的换流方式有利用全控型器件快速阻断强迫换流、弧压自然换流、反向注入电流换流等，但随着电压等级及分断能量的不断提升，如何实现更为快速、可靠、易于实现的换流方式，提出具备更优越综合性能的断路器拓扑结构，对高压直流断路器技术发展具有重要意义。

2. 模块结构优化

围绕直流电流开断这一难题，国内外研究机构均提出了具有自身特点的直流断路器拓扑结构方案，开发出满足不同电压等级的高压直流断路器样机，部分产品已在工程种得到应用，随着电压等级的提高，负责开断的支路往往需要较多数量全控型电力电子器件串联，由于高电压等级的全控型电力电子器件售价居高不下，造成高压直流断路器价格十分昂贵，限制了工程应用。工程人员通过改进优化半导体组件的拓扑结构，或采用组合式的拓扑结构，一定程度上减少了全控型电力电子器件的使用数量。尽管在拓扑结构优化方面已经做了大量探索和尝试，但目前提出的各种拓扑方案仍然存在结构复杂、维护成本较高的缺点，有必要在进一步论证各拓扑结构的特点和适用条件的基础上，根据直流断路器实际工作要求对拓扑结构进行进一步优化提升。

2.1.2　研究方向

目前，在高压直流工程中得到发展应用的高压直流断路器主要有两种技术方案，一种是基于电流转移技术的混合式高压直流断路器，另外一种是基于人工过零技术的机械式高压直流断路器。

1. 混合式高压直流断路器拓扑方案

混合式高压直流断路器的拓扑方案由 ABB 公司提出，该设计思路逐渐得到业界的认同，其主要由主支路快速机械开关、主支路电力电子器件、转移支路电力电子器件和耗能支路（Metal Oxide Varistor，MOV）组成，该拓扑借助于主支路电力电子器件闭锁实现主支路电流的转移，然后依靠转移支路大量电力电子器件的闭锁实现直流电流的关断。

国网联研院在此基础上研制出基于全桥模块级联的±200kV 混合式高压直流断路器，并在舟山五端柔直示范工程中成功挂网运行。

需要指出的是无论采用反串联的子模块结构还是全桥子模块拓扑结构，混合式高压直流断路器的转移支路均需要较多数量的全控型电力电子器件串联，受限于器件的耐受能力，转移支路需求的器件串联数量随着电压等级的提高而大幅增加，由于目前高参数电力电子器件的制造能力有限，且只掌握在极少数厂家手中，造成混合式高压直流断路器的成本高昂。除此外，主支路电力电子器件需要长期通流，虽然串联数量不多，但也会造成一定程度的通态损耗，通常需要配置水冷系统来对其进行散热，造成高压直流断路器部件设备的多样化及维护复杂。

清华大学、西安交通大学、河南省平高电气股份有限公司分别提出了基于耦合负压原理的高压直流断路器拓扑结构，如图 2-1 所示，通过耦合负压回路实现开断时电流从主支路向转移支路的转移。其结构主要由主支路快速机械开关，转移支路电力电子器件，转移支路耦合负压装置和耗能支路避雷器组成，通过触发耦合负压装置，使电流转移到转移支路，转移支路电力电子开关闭锁，电流转移到耗能支路，最后由耗能支路完成电流的清除和耗散。耦合负压式高压直流断路器主支路无电力电子开关，能够承受再次短路时的浪涌电流，它的通态损耗低，无需水冷散热，节省空间，全电流换流时间短，不存在小电流情况下换流时间长的问题。通过设计耦合负压回路，简化主支路拓扑结构，提高电流转移的成功率，但由于电流转移过程中依然存在燃弧，在一定程度上增大了主支路快速机械开关的开断压力。

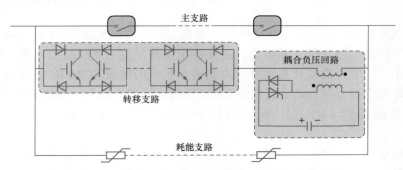

图 2-1　耦合负压式高压直流断路器拓扑结构

2. 机械式高压直流断路器拓扑方案

机械式高压直流断路器的基本拓扑在 20 世纪中叶已经提出，基本上可分为有源式和无源式，目前应用在直流高电压等级中为满足快速性主要采用有源式拓扑结构，如图 2-2 所示，由主支路快速机械开关、转移支路电力电子器件、LC 振荡回路和耗能避雷器组成，通过触发转移支路电力电子开关产生反向高频振荡大电流，叠加到主支路使主支路灭弧，从而利用交流开断的原理完成直流电流开断。机械式高压直流断路器原理简单，由成熟的开断单元和静态电容、电感等器件组成，优势突出。然而，机械式高压直流断路器拓扑中转移支路的预储能电容、触发开关电压等级高，存在隔离供能、触发开关设计等难点。

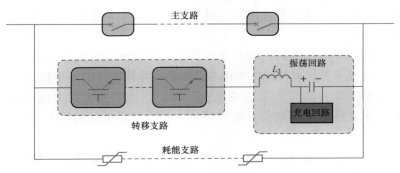

图 2-2　机械式高压直流断路器拓扑结构

虽然研究人员在高压直流断路器拓扑结构优化方面进行了大量探索和尝试，但目前提出的各种拓扑方案仍然存在各种问题，需要大量时间验证，有必要在进一步论证各拓扑结构的特点和适用条件的基础上，根据直流断路器所处的工作环境及工作要求对拓扑结构进行进一步优化改进。

2.2 大容量阀组技术

从原理上说，高压直流断路器一般由主支路（通流支路）、转换支路（开断支路）和耗能支路3条支路组成。主支路用于传导直流系统运行电流，要求通态损耗小，一般为机械开关组件，为实现开断时的电流转移，在主支路上也会附加一部分全控型电力电子器件如IGBT组件。转移支路为一系列IGBT或集成门极换流晶闸管（IGCT）等全控器件的串联组件。耗能支路通常由避雷器组成。

在高电压、大电流的应用场合，需要大量半导体器件通过串联提高耐压能力，通过并联提高通流能力，由于器件自身参数差异和外围电路影响导致的动静态均压、均流问题尤为突出。

2.2.1 关键点与难点

主支路阀组和转移支路阀组均需具备承受和开断大电流能力，主支路阀组需长期承担稳定电流，而转移支路阀组需承担开断过电压及开断过电流。

（1）电力电子器件串联电压不均一般分为静态电压不均和动态电压不均两种情况。电力电子器件运行过程中会经历开通瞬态、开通稳态、关断瞬态和关断稳态四个工作状态。在开通稳态和关断稳态下，串联的各电力电子器件电压基本保持稳定，属静态均压问题；在开通瞬态和关断瞬态下，串联的各电力电子器件电压会产生动态变化，属动态均压问题。由于影响串联均压的因素较为复杂，不同工作状态下应采用不同的均压策略。

（2）单个可控半导体器件极限分断能力提升，以最少的半导体器件并联达到所需要关断电流能力。

（3）可控半导体器件阀组的过电压抑制，降低阀组在关断过程中产生的过电压，提高可控半导体器件电压使用率，提高半导体器件的安全裕度。

（4）转移支路要实现所需要的电流关断，驱动需要支持大电流关断控制，然而驱动板卡往往处于高电位，供能困难，要尽量降低驱动板卡功耗，减轻外部供能压力。

（5）压接式电力电子器件散热技术，提高散热系统效率，控制阀组大功率半导体器件稳定在低结温运行。

2.2.2 研究方向

1. 器件选型与极限关断能力

根据高压直流断路器面临高压大电流的关断工况，研究不同类型全控型电力电子器件的应用特性；研究大功率可控半导体器件的退饱和行为及低压、大电流的关断特性，提升大功率可控半导体器件在直流断路器应用中的安全工作区；研究大功率可控半导体器件工作机理和安全工作区外暂态特性，建立大功率半导体器件精细化强电流关断暂态电热仿真模型。

2. 阀组串并联技术

半导体器件参数差异、回路寄生参数以及控制精度等对串、并联阀组的动态均压和动态均流特性均有一定的影响，是大规模阀组的均压方案和均流方案的技术难点。阀组模块化分解技术，各基本单元内部及相互之间杂散参数分布与关断过电压抑制方法，提高大功率可控半导体器件的电压利用率等技术，结合工程参数及需求优化阀组电气参数设计与研究，解决高电压、大电流、强磁场环境下大功率可控半导体器件的散热、均压、均流等问题，提高设备的可靠性。

3. 阀组结构

阀组结构设计技术是一个综合学科，它集合了电气接线设计、阀厅布置、抗震设计、静电场研究等多方面技术因素。主支路阀组的结构具体的包含了通流阀组结构、旁路开关结构和水冷系统结构。转移支路子单元的结构包括大规模阀组压接结构、二极管压接结构、多电位联合布局等。图 2-3 是一种高压直流断路器转移支路阀组结构。

图 2-3 高压直流断路器转移支路阀组结构

4. 大功率可控半导体器件驱动技术

可控半导体器件发生短路时，当短路电流增大到一定程度，半导体器件会迅速退出饱和区，此时器件会产生很大的损耗而损坏半导体器件。在高压直流断路器应用中，需要利用可控半导体器件承受短路电流的能力来实现大电流分断，避免在分断之前半导体器件进入退饱和状态。如果要实现大电流关断，必须在短路发生时通过提高门极电压来提高其退饱和能力。由于大电流关断时 di/dt 较大，在关断时必须确保可控半导体器件安全、可靠关断。驱动板卡处于高电位，无法通过高压就近取能，需要通过供能系统从地面传输能量，如果降低驱动板卡功耗，可以大大降低供能系统压力。确保驱动板卡在智能驱动功能不降额的情况下，从关键器件选型、提高电源效率、优化器件工作模式等方面深入研究，实现驱动的低功耗要求。图 2-4 为一种高压直流断路器半导体器件 IG-BT 驱动板卡的示意图。

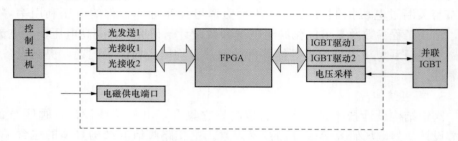

图 2-4　高压直流断路器半导体器件 IGBT 驱动板卡示意图

5. 散热系统

混合式高压直流断路器的主支路通流阀组器件在运行过程中将产生大量的热，需要配置冷却系统把阀组在各种运行工况下产生的热量耗散掉。冷却系统是高压直流断路器整体设计中非常重要的一部分，需要合理设计和配置可控半导体器件阀组的冷却系统。根据高压直流断路器的具体需求，研究断路器适用的最优技术方案。混合式高压直流断路器主支路水冷系统散热水路如图 2-5 所示。

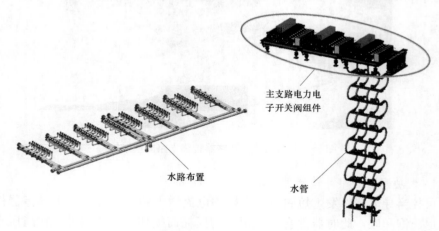

图 2-5　混合式高压直流断路器主支路水冷系统散热水路示意图

2.3　快速机械开关技术

快速机械开关是高压直流断路器的核心设备，正常合闸运行中耐受负荷电流，线路故障发生时，快速机械开关快速分断并耐受电压，对高压直流断路器能否成功切除故障起到决定性作用，图 2-6 为快速机械开关结构图。

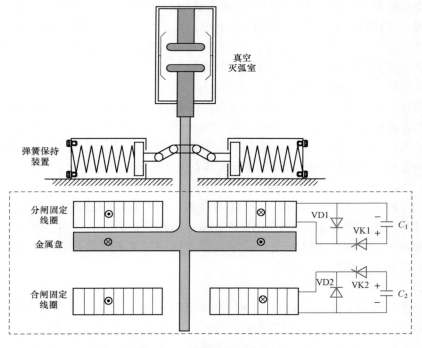

图 2-6　快速机械开关结构

2.3.1　关键点与难点

1. 快速驱动

高压直流断路器在短时间内切除故障电流，去除故障检测通信和电流转移时间，要求快速机械开关快速分断，并耐受暂态恢复电压，应选用具有驱动力强、驱动速度快等特点的电磁斥力操动机构，保证高压直流断路器的毫秒级分断。

根据现有数据统计，断路器在运行过程中发生故障很大一部分是由于机械卡涩或辅助回路出现问题[44]。断路器常用的操动机构主要有液压机构、弹簧机构及永磁机构等，这些操动机构往往构成部件尺寸较大且传动结构十分复杂，这就很难对其分合过程进行精准控制[45-46]，而直流电网对高压直流断路器动作

29

的快速性与运行的可靠性提出了更高的要求。

2. 绝缘性能

快速机械开关的端间需要承受较高的操作冲击电压和直流耐受电压，对真空灭弧室断口的内绝缘和外绝缘提出了极高要求，需要对真空灭弧室进行优化，提高快速机械开关的绝缘性能。

3. 多断口串联均压

线路故障发生时，快速机械开关要在极短的时间内（一般为 2～3ms）提供足够的绝缘开距，耐受较高暂态恢复电压，如此短的分断时间内使得快速机械开关建立的断口开距较小，虽然真空间隙具有较高的耐压水平，但单个真空断口难以承受如此高的暂态恢复电压，可通过多个真空断口串联均压实现，同时快速机械开关中需按规定增加若干串联断口。

快速机械开关的真空断口间、阀塔层间都存在杂散电容，当高压直流断路器关断直流电流后，快速机械开关两端所承受的暂态恢复电压会由断口间的杂散电容进行分配，导致断口间动态电压分配不均匀，需采用均压装置减少杂散电容的影响，保证每个断口动态电压和静态电压均衡。

4. 同步性

主通流支路常采用多个断口串联的技术，如果断口间动作时间存在较大差异，可导致在直流电流关断后由于某个断口运动开距较小，不能耐受作用于快速机械开关端间的暂态开断电压，导致快速机械开关断口绝缘击穿，因此需提高多断口动作同步性和一致性。

5. 可靠缓冲

快速机械开关在 2～3ms 内高速运动到绝缘开距，考虑真空绝缘特性，动触头瞬时速度大于 10m/s，这就要求运动部件在达到满开距前快速缓冲，降低动触头运动速度，避免分闸回弹导致开关绝缘击穿和机械损坏，也对缓冲系统的快速响应快速制动及可靠性提出较高要求。

6. 温升

快速机械开关既要满足高压直流断路器的快速分合闸要求，又需尽可能减轻动触头及运动部件的损耗，在保证通流能力的前提下，需对快速机械开关导电部件、连接件和出线方式进行优化，避免快速机械开关合闸运行过程中局部温升较高而对绝缘性能产生不利影响。

2.3.2　研究方向

1. 高效可靠操动机构及同步控制

高压直流断路器目前对快速机械开关的通流水平要求较高。为满足足够的通流水平，快速机械开关必须增加触头接触面，增大导电部位，这就会使得动触头及导电部位等运动部件的质量大大提高。同时，又要求快速机械开关额定分断时间在 2~3ms，因此选择合适的操动机构显得尤为重要，应根据直流电网对高压直流断路器的不同要求选择适宜的操动机构类型。

针对目前工程中经常采用的电磁斥力机构，应对其运动特性做深入研究，得出励磁线圈、斥力盘、励磁线圈与斥力盘间隙、外部储能电容以及运动部件质量等不同参数对其运动特性的影响，结合辅助工具，对电磁斥力机构进行建模分析，选择合适的各项参数，并进行优化设计，增强可靠性。

2. 灭弧室优化

常用的灭弧室主要包括真空灭弧室和 SF_6 灭弧室。二者的主要特性对比见表 2-1。

表 2-1 真空灭弧室和 SF_6 灭弧室特点比较

对比项目	真空灭弧室	SF_6 灭弧室
触头质量	轻	重
触头行程	10~30mm	100~220mm
触头超程	短	长
弧后绝缘恢复速度	快	较快
寿命	长	较长
环保	是	否
维修工作量	小	大

真空灭弧室与其他类型灭弧室相比，触头质量轻、超程短、开距小、弧后绝缘恢复速度快，易于实现快速分合闸，同时具有安全可靠、寿命长、维修工作量小、环境不受污染等特点，是目前快速机械开关的主要选择之一。

快速机械开关所使用的真空灭弧室，其动触头的瞬时操作速度可达 10m/s，是常规交流开关的 10 倍左右，对动触头的材料、内部结构强度都提出更高要求。动触头连接的金属波纹管是保证灭弧室内部的真空度及绝缘性能的关键部件，需要优化设计材料、焊接工艺、压缩裕量，提高其在高速运动下的可靠性及寿命次数，满足开关断口的高速性能要求。

3. 缓冲装置

对于快速机械开关的触头，由于其运动速度高（大于 10m/s）、承受的能量大，分合闸时整个传动机构将承受剧烈冲击。测量表明，在触头分合闸到位的瞬间，传动杆承受的瞬时冲击应力可达千兆帕级，若未设置缓冲装置或缓冲装置设计不当，将引起触头弹跳，分闸弹振容易造成触头分断后的弧后重击穿，导致分断失败，此外，过大的弹振幅度和过多的弹振次数容易导致器件的损坏，降低开关的使用寿命，对缓冲装置的选择提出了较高的要求。

缓冲机构目前在快速机械开关上主要有两种应用的方案。一种采用油缓冲机构，采用物理化学性质稳定的特种油作为缓冲介质，能够有效实现降低操动机构部件到位时的动能，油缓冲不需要额外考虑缓冲机构的单独控制，具有简单可靠的优点。但是油缓冲的缓冲特性与诸多因素相关，如选取油液的物理及化学性质、油液的黏度、油液的容量、机械开关的分闸速度、阻尼孔等。过强或过弱的缓冲都会对高压直流断路器分合闸性能带来影响。需结合高压直流断路器的实际需求，建立油缓冲结构的数学模型，设计出满足高压直流断路器要求的油缓冲结构。

另外一种采用电磁缓冲机构，其工作过程与电磁斥力操动机构相似，进行分闸操作时首先由分闸线圈所处回路中的电容对其线圈放电，在电流作用下，金属盘受到分闸线圈产生的斥力，从而带动操动杆及真空开关动触头开始分闸，当动、静触头达到一定的绝缘开距时，再由合闸线圈所处回路中的电容对其线圈放电，运动的金属盘受到合闸线圈产生的反向斥力，运动速度得以降低，机械开关运动部件到达分闸位置时的动能减小，抑制了反弹，进行合闸操作时过程相反[60]。电磁缓冲的设计，可直接利用电磁斥力操动机构实现缓冲效果，相比于其他缓冲机构，无需增加额外硬件。但是，电磁缓冲装置需额外增加一个放电回路及储能电容的充电回路，增加了开关的质量和体积，目前仍需重点研究缓冲不同投入时刻的影响，且还需精确的控制，增加其应用可靠性。

2.4 高电位供能技术

不论是机械式高压直流断路器还是混合式高压直流断路器均由大量的电力电子器件和多个串联的快速机械开关组成。电力电子开关的控制保护板卡、快速机械开关的驱动机构及它的控制保护板卡都需要从外部获取能量，在整个工作过程中，断路器无法与柔性直流换流器中的 MMC 子模块一样通过直流电容获取能量，也无法与交流系统中如电子式互感器一样通过电磁耦合获取能量。

高压直流断路器供能系统需要满足以下要求。

（1）不同运行工况下，满足负载单元的功率需求及负载波动工况下的稳定供能。

（2）高压直流断路器合闸时，断路器整体处于直流线路高电位上，因此供能系统需要直接耐受直流线路的对地电压。

（3）高压直流断路器分闸过程中，首末两端耐受断路器暂态分断电压，峰值为耗能支路 MOV 保护残压；断路器分闸完成后，首末两端耐受额定直流电压。供能系统需满足不同支路间、同一支路内部各级联组件、各模块单元等分布式电位的隔离需求。

2.4.1 关键点与难点

高压直流断路器供能系统所面临的首要难点是关键设备的高压绝缘问题，

其次是需要满足高压直流断路器不同负载特性。图 2‑7 所示为目前一种用于 500kV 混合式高压直流断路器的供能系统拓扑结构，该系统采用工频磁耦合供能方案，其中主通流支路和转移支路分开进行供能。

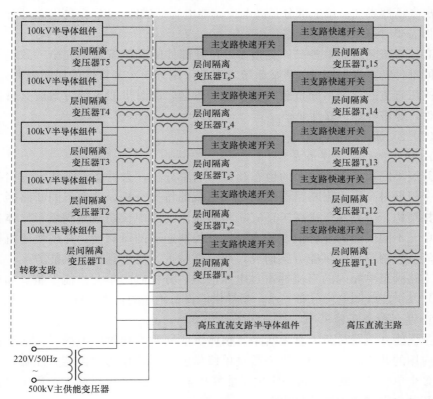

图 2‑7　一种 500kV 混合式高压直流断路器的供能系统拓扑结构

1. 高压绝缘问题

主供能变压器是电磁隔离供能系统的核心设备，它承担了高压直流断路器供能系统高电位对地绝缘的能力，降低了高压直流断路器各级器件间的对地击穿风险，同时为高压直流断路器整机提供所必需的能量，随着高压直流断路器的电压等级的逐渐提高，对供能变压器的绝缘与运行可靠性要求也在逐渐提升，供能变压器的制造成本、体积和占地面积等与电压等级相比成非线性增加，因此需选择合适的绝缘材料并进行结构设计，解决供能变压器绝缘性能可靠性差，绝缘的长期稳定性差和雷电载波带来的振荡冲击等问题。

2. 不同负载特性供能

供能系统主要为三部分设备进行供能。第一部分是主支路快速机械开关的供能，每个快速机械开关对应一台层间隔离供能变压器，层间隔离供能变压器从主供能变压器取能然后给快速机械开关的驱动机构供能，保障任意一组供能绝缘失效，不会引起快速机械开关冗余失效。第二部分是可控半导体器件的供能，高压直流断路器的转移支路全部由电力电子开关器件组成，每层用一台层间隔离变压器供能。第三部分是高电位储能电容的供能，LC 振荡电路部分的电容元件需要时刻保持充能状态。

高压直流断路器中各部件类型多，每种部件的供能需求不完全一致，需针对不同部件特点提出相应的供能系统方案，采用分层次多目标的层间隔离方案，解决高压直流断路器不同负载特性供能的难题，同时供能系统方案应具备工程化条件，经济性和可靠性兼顾。

2.4.2　研究方向

1. 优化供能系统技术方案

开展不同功率负载单元的稳态和暂态功率分析，为供能系统技术方案提供参考。根据对高压直流断路器不同功率负载的特性分析，结合不同断路器主电路拓扑结构，研究混合式高压直流断路器通流支路中长期通流阀组半导体器件驱动单元不同供能的复合供能技术，保证长期通流的可靠性；开展快速机械开关储能及控制单元的供能方案研究，研究高精度、高可靠性的供能方案；研究转移支路阀组单元内的直流冲击过电压应力，分析阀组单元供能设备（如绝缘电缆）及供能线圈电位分布关系，指导供能设备绝缘的技术设计。

2. 主供能变压器

主供能变压器对高压直流断路器整体供能同时实现对地绝缘，目前工程中得到应用的共有两类结构：第一类是单级供能变压器作为主供能变压器，第二类是多个单级变压器级联成一个主供能变压器。图 2-8 为目前在工程中得到应用的两种主供能变压器外观结构。

(a)　　　　　　　　　　　(b)

图 2-8　高压直流断路器主供能变压器外形图

（a）单级式主供能变压器；（b）多级级联式主供能变压器

单级供能变压器采用电磁感应原理，分设高压低压线圈，高压线圈铜线绕制后用绝缘材料与外筒固定，将其套装在铁心芯柱上，并且通过绝缘支撑组件支撑于底板上。低压线圈绕制后套装于铁心芯柱上，外套开口低压屏蔽筒，高低压线圈通过 SF_6 气体绝缘（无油化），且呈同心布置。

多级供能变压器是由多个单级变压器进行级联组合成了一个主供能变压器。

供能变压器结构设计需要提升变压器绝缘水平，并研究多级变压器串联均压技术，不同电压应力下多级变压器的直流分压机理，提出相应均压措施，研究多种绝缘介质一体化的安装结构，并分析关键零部件力学应力。

2.5 避雷器串并联技术

耗能支路是高压直流断路器的重要组成部分，不论是混合式直流断路器还是机械式直流断路器，最终都由其完成能量的清除和耗散。耗能支路由耗能避雷器 MOV（Metal Oxide Varistor，MOV）串并联组成避雷器通过大量串并联组合提供数百兆焦级的能量耗散能力，因此耗能支路体积十分庞大，图 2-9 所示为一种高压直流断路器耗能支路避雷器的布置方案。

2.5.1 关键点与难点

由于高压直流断路器对分断过程吸能的要求异常高，导致并联避雷器在现场运行中出现故障，甚至爆炸的现象时有发生。总体来说，过多的并联柱数给高压直流断路器整体的可靠运行带来很大的维护工作量和较多隐患。如何通过提高避雷器阀片的性能，特别是其单位体积的能量吸收能力，从而减少耗能支路的体积，是高压直流断路器研发的难点之一。

2.5.2 研究方向

1. 阀片性能提升

通过提高避雷器阀片的性能，可以有效减少耗能支路的体积，增加直流断路器的开断可靠性，而决定金属氧化物非线性电阻片性能好坏的主要因素是配方和工艺。因此，要提高金属氧化物非线性电阻片的性能应从配方研究和工艺研究两方面着手。

2. 阀片配组

避雷器芯体采用的多柱结构必须保证各柱电流分布相对均匀。并联各柱的电阻片即使有微小的残压差异，也会引起柱间电流分配的不均衡。针对每个电气连接单元的电阻阀片进行分流试验，确保电流分布不均匀系数满足规定要求。面对数量巨大、伏安特性有差异和单片残压具有分散性的金属氧化物电阻片，需研究科学高效的配组方法，将电阻片按伏安特性进行分类、配组，保证各柱的伏安特性一致，直流 1mA 参考电压和残压一致，以保证耗能支路避雷器的运行可靠。

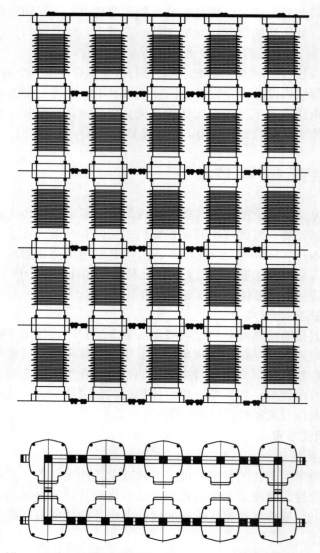

图 2-9 高压直流断路器耗能支路避雷器的布置方案示意图

2.6 整机集成技术

高压直流断路器横跨快速机械开关、阀组、供能等多学科设备，需要攻克杂散电感提取与抑制、过电压绝缘配合、均压屏蔽、结构与抗震等系列关键技术，实现电、磁、热、力等多物理场作用的耦合集成设计。

2.6.1　关键点与难点

1. 杂散参数优化

随着工程应用中电压等级的提高，高压直流断路器中各模块串联级数在增加，各个回路间的杂散电感增加，对断路器性能的影响越来越凸显出来。杂散电感直接影响到高压直流断路器各支路间的换流时间，对断路器的整体开断速度造成影响。因此，在对高压直流断路器电压等级进行提升时，整机的集成需要优化结构布置，减少各个回路中的杂散电感。

2. 电磁兼容

高压直流断路器是一、二次系统高度融合的装置，其中有大量检测、处理、计算、驱动单元，因而有比较严苛的电磁兼容性要求[48]。实际电网中已经出现过因电磁兼容设计不良而导致高压直流断路器错误动作的情况，但这方面的研究整体还比较薄弱。

3. 电位固定

高压直流断路器阀塔内部除主电气通路外，还有冷却系统、控制保护系统、供能系统、支撑结构以及各种均压屏蔽金具。为保证高压直流断路器内部各零部件间的电流隔离和电位连接，需要进行合理的电位固定，防止运行过程中发生过电压击穿。高压直流断路器阀塔内部器件众多，结构极其复杂，器件结构布局十分困难，需要重点关注。

2.6.2　研究方向

1. 仿真模型优化

高压直流断路器属于高电压大电流的电气设备，高电压绝缘、空间电磁场、结构力学等是断路器设计面临的重要问题。在高压直流断路器的结构设计阶段，应重点对断路器各个模块进行有限元理论分析计算，优化断路器仿真模型，使其接近于实际应用环境，通过仿真模型不断修正分析后确定高压直流断路器的最佳参数设计。

2. 试验技术

高压直流断路器作为一种集成化设计较高的新型电力装备，在工程中应用前需要经过完整的试验考核，但目前国际上尚无相关的试验标准，其等效分断试验、绝缘试验和电磁兼容试验方法都有待深入研究，应建立高压直流断路器试验等效评价体系与试验考核标准，以检验高压直流断路器的整机集成设计是否满足实际应用的能力。

第 3 章

机械式高压直流断路器

近年，关于高压直流断路器研究的一个主要方向即是基于人工过零技术的机械式高压直流断路器。机械式高压直流断路器具有损耗小、成本低等优势，适用于多端柔性直流输电系统，是目前工程中应用较多的一种高压直流断路器技术方案。

本章以在张北工程中得到应用的±500kV 机械式高压直流断路器为例，对其拓扑结构、工作原理、运行特性、本体结构及控制保护监视方案进行详细介绍。

3.1 机械式高压直流断路器工作原理及运行特性

3.1.1 电气结构

如图 3-1 所示，该机械式高压直流断路器拓扑结构主要构成为主支路、缓冲支路、转移支路、耗能支路及供能系统。

（1）主支路。

主支路由 12 个快速机械开关串联组成，用于导通与开断直流系统电流，其中一个作为冗余。

（2）缓冲支路。

缓冲支路用来限制快速机械开关开断后的断口恢复电压上升率，其主要由缓冲电容、缓冲电容并联电阻及缓冲电容串联电阻组成。

（3）转移支路。

转移支路由多级子单元模块串联组成，用于产生高频振荡电流，并通过换流将电容串入故障回路，建立瞬态开断电压。转移支路由储能电容、振荡电感、充电电容、储能电容放电电阻、充电电容限流电阻、放电避雷器、集成门极换流晶闸管（Integrated Gate - Commutated Thyristor，IGCT）阀组组成。储能电容、振荡电感及 IGCT 阀组串联，构成转移支路主回路，放电避雷器通过储能电容放电电阻与储能电容并联，充电电容通过充电电容限流电阻、储能电容放电电阻与储能电容并联。

（4）耗能支路。

耗能支路由多个避雷器组串联构成，每组避雷器由多柱并联组成，其用于抑制开断过电压和吸收线路及平抗储存能量。避雷器分为 12 组串联，每一组与快速机械开关断口并联，同时具备多断口均压作用。

（5）供能系统。

供能系统由 500kV 主供能变压器、快速机械开关层间隔离变压器、转移支路层间隔离变压器与升压变压器组成，分别完成对快速机械开关驱动柜供电，储能及充电电容供电，IGCT 阀组供电、TV（又称 PT）、TA（又称 CT）及供能系统监视与保护供电。

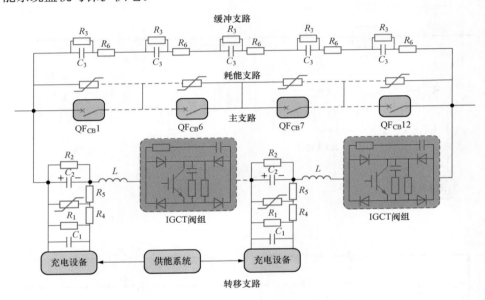

图 3-1　机械式高压直流断路器拓扑结构

3.1.2　基本原理

正常导通时，直流电流流过主支路快速机械开关（断口）QF_{CB}。当直流线路侧发生故障时该机械式高压直流断路器快速分断过程如图 3-2 所示，具体工作过如下。

（1）直流系统发生故障后，流过快速机械开关的故障电流上升，电流流通路径如图 3-2（a）所示。

（2）高压直流断路器收到分闸指令，此时快速机械开关开始分闸并发生燃弧。快速机械开关达到有效绝缘开距后 IGCT 阀组触发导通，储能电容 C_2 通过 IGCT 阀组和串联的振荡电感 L 放电产生谐振，LC 振荡产生高频振荡电流，并与主支路故障电流进行叠加，主支路电流过零完成开断，过程如图 3-2（b）所示。

（3）主支路电流过零后，故障电流开始对转移支路电容及缓冲支路电容进行充电，过程如图 3-2（c）所示。

（4）当电容充电电压达到耗能支路避雷器动作电压值时，耗能支路避雷器导通将能量吸收，转移支路 IGCT 阀组在导通 10ms 后关断，避雷器持续吸收能量直至退出，充电电容 C_1 与储能电容 C_2 进行能量交换，储能电容快速充电，开断完成，过程如图 3-2（d）所示。

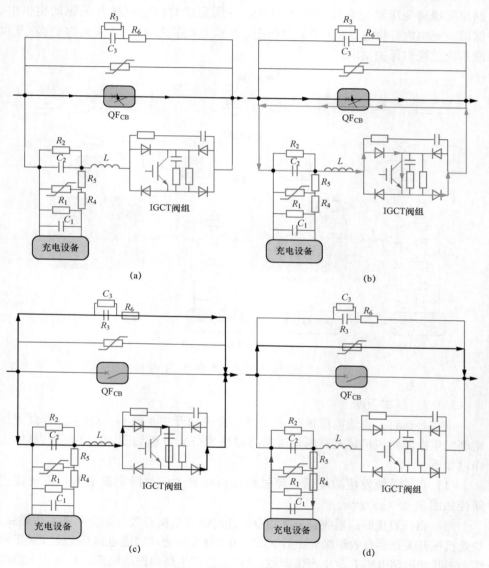

图 3-2 机械式高压直流断路器快速分断过程

（a）故障发生，主支路承受短路故障电流；（b）IGCT 阀组触发导通（电流方向）；

（c）对电容进行充电；（d）C_1、C_2 进行能量交换，耗能避雷器退出

　　根据上述工作原理分析，机械式高压直流断路器电流分断时序图如图 3-3 所示，快速机械开关从收到分闸指令到触头开始分离时间延时小于 0.1ms，快速机械开关经过 2ms 的动作时间后达到 10mm 有效开距，此时触发 IGCT 模块，转移支路电流开始振荡，振荡周期约为 0.26ms，若振荡电流开始方向与主支路电流方向相反，则流过快速机械开关的电流在振荡电流四分之一周期内出现一次过零点，可在 0.06ms 内实现主支路快速机械开关熄弧，再经 0.1ms 后，快速机械开关触头间绝缘恢复，完成开断；若振荡电流开始方向与主支路电流方向相同，则流过快速机械开关的电流在振荡电流四分之三周期内出现一次过零点，可在 0.2ms 内实现主支路快速机械开关熄弧，再经 0.5ms 后，快速机械开关触头绝缘恢复，完成开断。

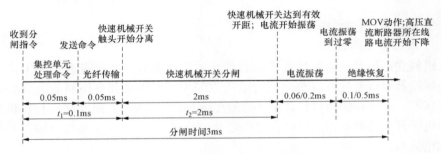

图 3-3　机械式高压直流断路器电流分断时序图

　　机械式高压直流断路器合闸过程为：直流断路器控制系统收到合闸命令，快速机械开关开始合闸，大约需要 18ms 快速机械开关触头接触，合闸完成。其动作时序如图 3-4 所示。

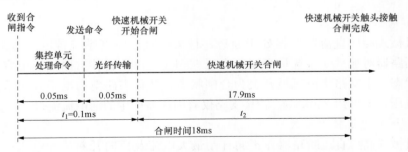

图 3-4　机械式高压直流断路器合闸时序图

　　该机械式高压直流断路器具备重合闸功能，重合闸过程为：机械式高压直流断路器快速分闸后经 300ms 延时进行重合闸，在重合闸过程中若重合闸电流达到保护整定值电流，说明系统存在永久性故障，高压直流断路器快速分闸，重合闸失败。若重合闸电流小于整定值电流，说明系统故障已消除，重合闸成功。其时序如图 3-5 所示。

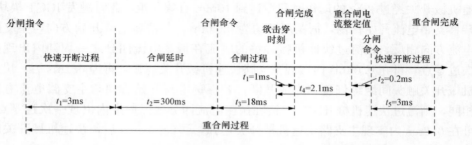

图 3-5　机械式高压直流断路器重合闸时序图

3.1.3　电气技术参数

1. 断态技术参数

机械式高压直流断路器处于断态，且柔性直流电网系统带电工况下，高压直流断路器对地承受系统最高运行电压 535kV。由于转移支路储能电容始终为充电状态，主支路快速机械开关、耗能支路 MOV、缓冲支路并联后与转移支路电力电子开关共同承担储能电容电压之和（约 250kV），各支路仅有因压差产生的漏电流流过。

2. 关合技术参数

机械式高压直流断路器关合过程中，主支路快速机械开关导通，若电流判定不超过保护定值，高压直流断路器导通，此过程主支路快速机械开关耐受线路电流，由于转移支路储能电容始终为充电状态，转移支路电力电子开关承担储能电容电压之和（约 250kV）。

3. 通态技术参数

机械式高压直流断路器处于通态，且柔性直流电网系统带电运行工况下，直流断路器对地承受系统最高运行电压 535kV。由于转移支路储能电容始终为充电状态，主支路快速机械开关为合闸状态，转移支路电力电子开关承担储能电容电压之和（约 250kV），转移支路仅有因压差产生的漏电流流过。

4. 开断电流技术参数

机械式高压直流断路器在正向开断最大电流及反向开断最大电流过程中各支路电流应力仿真如图 3-6、图 3-7 所示。

以正向开断过程为例，对开断过程中各个阶段进行分析，机械式直流断路器主支路快速机械开关、转移支路电力电子开关、缓冲电容、储能电容、耗能支路 MOV 等关键组部件主要电气仿真波形如图 3-8 所示。

第3章

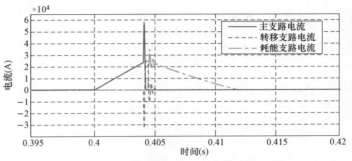

图 3-6 正向开断 25kA 各支路电流波形

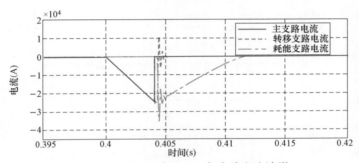

图 3-7 反向开断 25kA 各支路电流波形

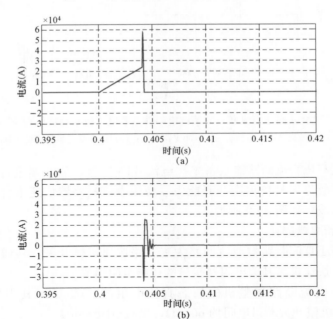

图 3-8 机械式高压直流断路器关键组部件主要电气技术参数仿真波形（一）

（a）主支路快速机械开关电流；（b）转移支路电力电子开关电流

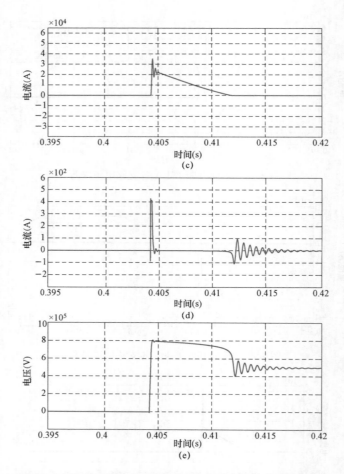

图 3-8　机械式高压直流断路器关键组部件主要电气技术参数仿真波形（二）

（c）耗能支路 MOV 电流；（d）缓冲支路电流；（e）高压直流断路器端间电压

　　该机械式高压直流断路器具备单次电流开断 300ms 后快速重合闸能力，以及快速重合于故障下具备再次开断能力。高压直流断路器快速重合闸于故障时电气应力仿真波形如图 3-9 所示。

3.1.4　断路器损耗

　　机械式高压直流断路器通流回路为主支路快速机械开关，其通态电阻主要由导体电阻、快速机械开关电阻及接口的接触电阻组成。

　　（1）高压直流断路器整机的通态直流电阻约 $1573\mu\Omega$，其中导体电阻约 $937\mu\Omega$，快速机械开关断口电阻约 $600\mu\Omega$，接触电阻 $36\mu\Omega$。

　　（2）额定电压通态压降为 4.8Vdc 。

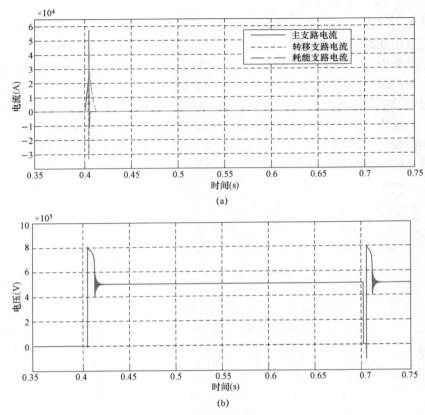

图 3-9 机械式高压直流断路器快速重合闸于故障下电气应力波形

(a) 重合闸于故障各支路电流波形；(b) 重合闸于故障端间电压

（3）额定电流下损耗为 14.4kW。

高压直流断路器整机断态电阻约（不考虑避雷器电阻）为 157MΩ，整机断态下端间等效电容约为 0.109μF，如图 3-10、图 3-11 所示。

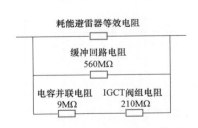

图 3-10 机械式高压直流断路器断态等效电阻

图 3-11 机械式高压直流断路器断态等效电容

3.1.5 人工接地试验

2020年6月9日，四端直流电网全接线工况下，在阜康换流站至康巴诺尔换流站直流线路上分别进行了正极人工接地、负极人工接地试验，试验过程严格遵守试验方案，每次试验测量了柔性直流换流站直流极线出线的瞬态电压电流，以及高压直流断路器各个支路的电流。短路试验时现场实测的高压直流断路器分断波形如图3-12所示，可以看出高压直流断路器的动作时序与预期结果一致，均实现了高压直流断路器正确分断、换流阀保持正常运行的状态，其中正极短路时分断的电流峰值为3053A，负极短路时分断的电流峰值为2543A，机械式高压直流断路器可在3ms内完成直流电流分断。

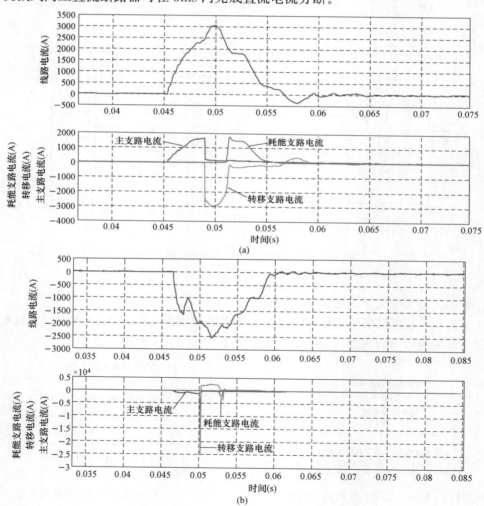

图3-12 机械式高压直流断路器人工接地试验波形

（a）正极接地分断波形；（b）负极接地分断波形

3.2　机械式高压直流断路器结构及组件参数

3.2.1　阀塔集成结构简介

±500kV 机械式高压直流断路器阀塔结构如图 3 - 13、图 3 - 14 所示，实物如图 3 - 15 所示。

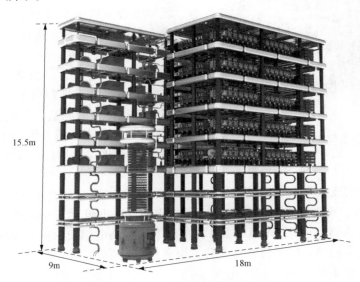

图 3 - 13　±500kV 机械式高压直流断路器结构图

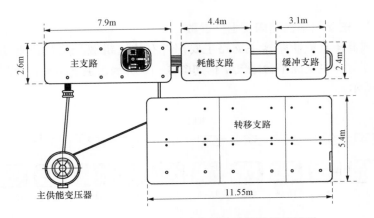

图 3 - 14　±500kV 机械式高压直流断路器俯视图

图 3-15 ±500kV 机械式高压直流
断路器实物外观图

（1）主支路平台，由 12 个快速机械开关串联组成，用于导通与开断直流系统电流，其中 1 个快速机械开关作为冗余，主支路分 6 层平台布置，每层平台布置 2 个快速机械开关。

（2）缓冲支路平台，其主要由缓冲电容、缓冲电容并联电阻及缓冲电容串联电阻组成，采用独立的平台布置方式，分成 5 个模块，9 层平台布置。

（3）耗能支路平台，由多个避雷器组串、并联构成，用于抑制开断过电压和吸收线路及电抗储存的能量。耗能支路 MOV 由 12 组避雷器串联，每一组与 1 个快速机械开关断口并联，同时起到断口均压的作用。

（4）转移支路平台，由储能电容 C_2、振荡电感 L、充电电容 C_1、储能电容放电电阻 R_5、充电电容限流电阻 R_4、充电电容并联电阻 R_1、储能电容并联电阻 R_2、放电避雷器、IGCT 阀组组成。储能电容、振荡电感及 IGCT 模块串联，构成转移支路主回路，整个转移支路分 5 层平台布置。

（5）供能系统，由不间断电源 UPS、500kV 主供能变压器、层间隔离变压器组成，完成对快速机械开关驱动柜、储能及充电电容、IGCT 阀组等供电。

3.2.2 主支路平台结构及组件参数

机械式高压直流断路器主支路主要部件有快速机械开关及其驱动柜、隔离供能变压器等，主支路平台电气结构如图 3-16 所示，主支路平台及层间结构如图 3-17 所示。

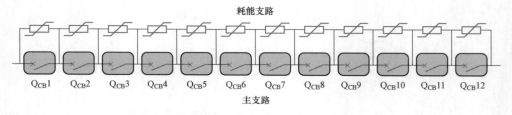

耗能支路

$Q_{CB}1$ $Q_{CB}2$ $Q_{CB}3$ $Q_{CB}4$ $Q_{CB}5$ $Q_{CB}6$ $Q_{CB}7$ $Q_{CB}8$ $Q_{CB}9$ $Q_{CB}10$ $Q_{CB}11$ $Q_{CB}12$

主支路

图 3-16 主支路电气结构

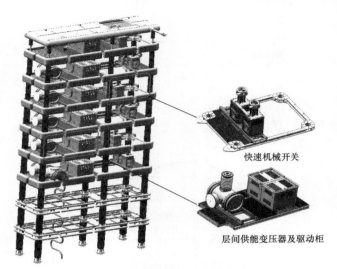

快速机械开关

层间供能变压器及驱动柜

图 3-17　主支路平台整体结构

1. 单断口组件

快速机械开关的分闸速度是影响直流断路器快速切除故障电流的关键因素。目前针对高压等级采用多断口串联技术来降低单个断口的耐压，减小单个断口的运动行程，从而显著缩短快速机械开关的动态绝缘建立时间和分闸时间，降低高压直流断路器的整体分闸时间。

机械式高压直流断路器主支路采用 12 个快速机械开关断口串联均压，其中一个断口冗余，单断口额定电压为 51.5kV。要求分闸不同期，从发出快速机械开关分闸命令起，到触头分离至有效绝缘开距❶的时间为 2（±0.2）ms；合闸不同期，从发出快速机械开关合闸命令起，到触头完全合上的时间为 16ms±1.0ms，实现分闸 2.0ms 运动到 10mm 开距。单只快速机械开关性能参数见表 3-1。其标准分闸、合闸行程曲线如图 3-18 所示。

表 3-1　　　　　　　　　单只快速机械开关性能参数

参数	参数值	单位	参数	参数值	单位
额定电压	51.5	kV	雷电冲击耐受电压	185	kV
额定电流	3150	A	有效熄弧开距	10	mm
额定开断电流（对称）	44.5	kA	到达有效熄弧开断时间	2.0	ms
开断电流（非对称）	60	kA	分闸平均速度	5～5.5	m/s
1min 直流耐压	120	kV			

---

❶　触头开距是指断路器在断开位置时，动静触头之间的最小距离。

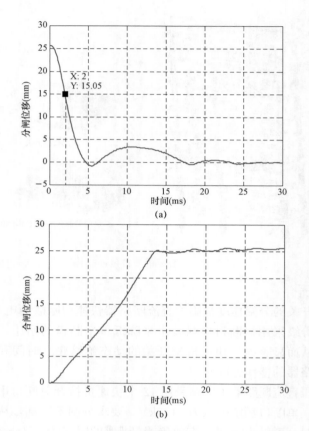

图 3-18　快速机械开关标准行程曲线

（a）分闸标准行程曲线；（b）合闸标准行程曲线

2. 操动机构

机械式高压直流断路器快速机械开关的操动机构采用电磁斥力机构。电磁斥力操动机构如图 3-19 所示。驱动柜中的分合闸电容在快速机械开关操作前预先充至一定电压，以分闸为例，当快速机械开关控制系统发出分闸命令后，触发开关 S 导通，分闸电容开始向分闸线圈放电，由于整个回路中分闸线圈的阻感很小，分闸线圈中将流过一个持续时间为几十毫秒、峰值很大的脉冲电流，并立刻建立起一个迅速增大的轴向磁场。同时在斥力盘上感应出与线圈中脉冲电流方向相反的电流，使得线圈和斥力盘之间产生了巨大电磁斥力，从而带动传动杆和机械触头运动，实现快速机械开关的快速分闸。

电磁斥力操动机构主要由传动杆、分闸线圈、斥力盘、合闸线圈、双稳弹簧、油缓冲器等部件组成，其中斥力盘、传动杆、导电夹以及动触头等为运动

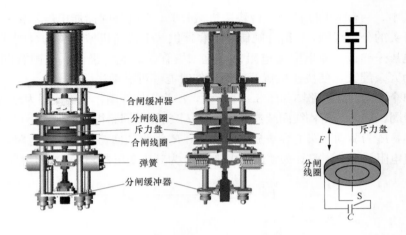

合闸缓冲器
分闸线圈
斥力盘
合闸线圈
弹簧
分闸缓冲器

斥力盘
F
分闸线圈
S
C

图 3 - 19　电磁斥力操动机构外观

部件。当运动部件越过双稳弹簧死点时，双稳弹簧可为电磁斥力机构提供向下的分闸力或者向上的合闸力。因此，为保证电磁斥力机构能够可靠保持在分闸状态或者合闸状态，电磁斥力机构运动部件必须越过双稳弹簧平衡位置。同时，在线路发生短路故障后，快速机械开关分闸速度必须足够快，在 2ms 时间内触头开距需达到 10mm 有效绝缘开距。

3. 驱动系统

快速机械开关驱动柜结构图如 3 - 20 所示，一台驱动柜具有两套完全独立的驱动装置，共包括两台快速机械开关驱动板卡（Mechanical Breaker Drive Unit，MDU）、4 台升压变压器、4 组分闸储能电容器、4 组合闸储能电容器、8 块电压采样板、8 个充电限流电阻、8 组整流二极管、8 个续流二极管、8 个晶闸管和 8 个放电电阻。

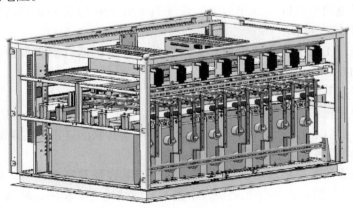

图 3 - 20　快速机械开关驱动柜结构图

其中，一台 MDU 控制一台快速机械开关，2 组分闸储能电容器供一个快速机械开关的分闸线圈，2 组合闸储能电容器供一个快速机械开关的合闸线圈，其余的电压采样板、充电限流电阻、整流二极管、续流二极管、晶闸管和放电电阻均为冗余配置，使快速机械开关在动作时能够可靠动作。

单个驱动回路电路图如图 3-21 所示，L_1 为机构线圈，机构线圈为分闸线圈或合闸线圈，VD1 为机构线圈续流二极管，VT 为驱动回路控制晶闸管，C 为驱动回路电容，R_4 为驱动回路电容泄放电阻，R_1、R_2 为驱动回路电容分压电阻，R_3 为充电限流电阻，VD2、VD3 为整流二极管，T_s 为升压变压器，KM 为接触器。

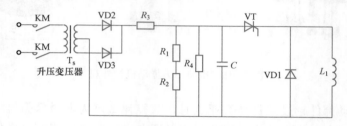

图 3-21　单个驱动回路电路图

当直流系统出现故障需要高压直流断路器分闸时，MDU 触发驱动回路控制晶闸管 VT，驱动回路电容通过晶闸管对机构分闸线圈放电，放电同时机构分闸线圈和电磁斥力机构总电感产生涡流，导致斥力盘与分闸线圈之前产生巨大的斥力，推动着快速机械开关触头分离，实现快速机械开关分闸，合闸过程与分闸过程类似。

4. 多断口均压

（1）直流稳态下均压。

在合闸状态下，主支路快速机械开关主要由电阻进行均压；分闸状态下，断口的绝缘电阻由层间支撑绝缘子、快速机械开关和与其并联的避雷器的绝缘电阻并联组成。

正常运行工况下由快速机械开关断口并联的避雷器自动实现静态均压，无需额外增加断口均压电阻。

（2）开断与端间操作过电压下的均压。

单个快速机械开关断口两端并联的避雷器组等效电容值约为 8000pF，每组偏差在±1.5%以内，通过快速机械开关断口两端并联的避雷器实现动态均压。

3.2.3　转移支路平台结构及组件参数

机械式直流断路器转移支路主要由预储能电容及其充电设备、振荡电感和 IGCT 触发开关组成，共分五层平台布置，每层结构完全相同，转移支路平台单层电气接线方式如图 3-23 所示，转移支路平台结构及单层布置结构如图 3-22、

图 3-23 所示。

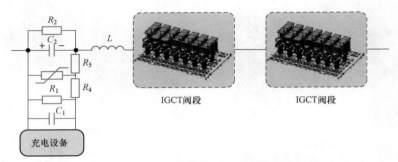

图 3-22　转移支路单层平台电气接线图

图 3-23　转移支路单层平台布置结构（共五层）

1. 储能电容及其充电设备

储能电容及其充电设备由储能电容 C_2、充电电容 C_1、储能电容均压电阻 R_2、储能电容放电电阻 R_5、充电电容限流电阻 R_4、放电避雷器 MOV 组成。

转移支路储能电容预充电电压和约为 250kV，储能电容整体等效容值为 5.86μF，振荡电感值为 0.3mH。为了满足重合闸开断能力要求，储能电容 0.3s 充电电压可达到预充电电压的 65%（可产生振荡电流峰值 20.8kA，具备开断 17kA 能力），储能电容放电电阻整体等效阻值 1kΩ，充电电容整体等效容值为 52μF，初始电压约为 250kV，为了提高充电电容给储能电容充电的速度，同时保证充电电容不影响振荡回路，充电电容限流电阻等效阻值为 10kΩ，RC 时间常数为 0.058s。

储能电容及储能电容并联电阻如图 3-24（a）所示，一个模块为两个电容，每个电容模块并联三个电阻。充电电容及其充电电容并联电阻如图 3-24（b）所示，每一个模块设置 4 个充电电容模块，每一个充电电容并联三个电阻。

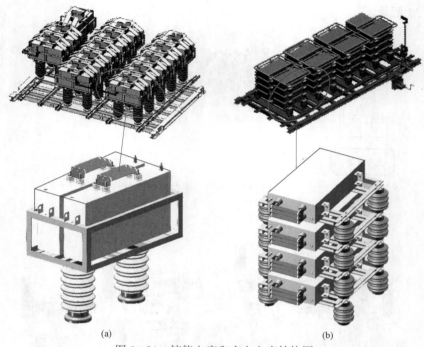

(a)   (b)

图 3-24　储能电容和充电电容结构图

（a）储能电容模块；（b）充电电容模块

　　充电设备部分如图 3-25 所示，层间隔离变压器和升压变压器为储能电容、充电电容储存能量，放电避雷器通过储能电容放电电阻与储能电容并联，充电电容通过充电电容限流电阻、储能电容放电电阻与储能电容并联。

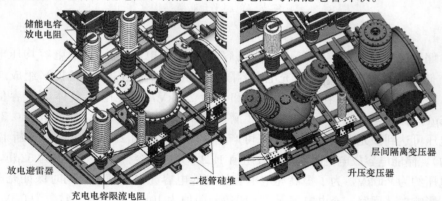

图 3-25　充电设备布置结构图

2. IGCT 阀组

集成门极换流晶闸管 IGCT，是一种新型电力半导体开关器件（集成门极换流晶闸管＝换流晶闸管＋门极单元），1997 年由 ABB 公司提出。IGCT 使电力电子成套装置在功率、可靠性、成本、重量和体积等方面都取得了巨大进展，给电力电子成套装置带来了新的飞跃。IGCT 是将门极可关断晶闸管（Gate Turn‐off Thyristor，GTO）芯片和门极驱动电路集成在一起，使 GTO 与门极驱动器在外围以低电感方式连接，并结合了晶体管的稳定关断能力和晶闸管低通态损耗的优点。IGCT 具有电流大、阻断电压高、可靠性高、结构紧凑、低导通损耗等特点，具有很好的应用前景，其外观如图 3‐26 所示。

机械式高压直流断路器转移支路 *LC* 振荡的触发开关采用了 IGCT 二极管整流桥结构，当 IGCT 阀组导通后，转移支路中的电感与电容回路形成振荡电流，与主支路直流电流进行叠加，创造出电流过零点以实现主支路快速机械断开关的直流开断功能。

图 3‐26 IGCT 外观

转移支路共有五层，每层有两个 IGCT 阀段，每个阀段又由 7 台 IGCT 阀组串联组成，因此转移支路平台共包含 70 台 IGCT 阀组串联，每个阀组由六个 IGCT 二极管整流桥单元组成，每个 IGCT 二极管整流桥单元由 4 个二极管加一个 IGCT 组成，IGCT 供电部分由供能变压器和隔离变压器组成。每个 IGCT 二极管整流桥并联一个 *RC* 均压回路。IGCT 阀段结构图如 3‐27 所示，IGCT 阀组实物图如 3‐28 所示，每个 IGCT 阀组的电气结构如图 3‐29 所示。其中每台 IGCT 阀组需要外接一台三绕组供能变，每层供能变之间为串联连接。IGCT 阀组均通过光纤通路接收控制信号和返回状态信号。

图 3‐27 转移支路 IGCT 阀段外观

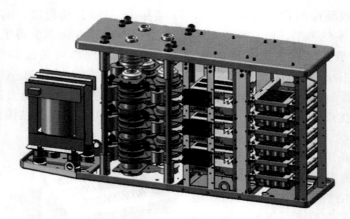

图 3 - 28　IGCT 阀组外观

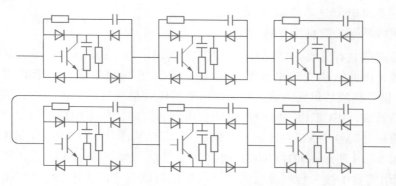

图 3 - 29　IGCT 阀组电气接线图

其中桥内阻容缓冲参数为 $C=1\mu F$，$R=0.5\Omega$；桥外阻容缓冲参数为 $C=3\mu F$，$R=1\Omega$；桥内均压电阻 $R=500k\Omega$。

IGCT 二极管整流桥结构中的 IGCT 单体及配套快恢复二极管单体的主要参数见表 3-2、表 3-3。

表 3 - 2　　　　　　　　　　　　IGCT 主要参数表

参数指标	$U_{DRM}(V)$	$U_{DC}(V)$	$I_{TGQM}(A)$	$I_{TSM}(A)$
IGCT	4500	2800	4000	50

表 3 - 3　　　　　　　　　　　快恢复二极管单体主要参数表

参数指标	$U_{RRM}(V)$	$U_{DC}(V)$	$I_{FAVM}(A)$	$I_{FSM}(A)$
快恢复二极管	4500	2800	2620	50

　　其中：U_{DRM} 为断态重复峰值电压；U_{DC} 为中间直流电压；I_{TGQM} 为最大可关断电流；I_{TSM}、I_{FSM} 为浪涌电流（3ms）；U_{RRM} 为反向重复峰值电压；I_{FAVM} 为正向平均电流。

　　根据高压直流断路器端间绝缘要求及对高压直流断路器开断过程各种工况的仿真分析，转移支路 IGCT 运行过程中的直流电压与开断过程瞬时电压耐受情况见表 3-4。

表 3-4　　　　　　　　　　　　　IGCT 电压参数表

序号	参数名称	实际值
1	IGCT 运行过程中的直流电压（kV）	785（250+535）
2	IGCT 开断过程瞬时耐受电压（kV）	685

　　表 3-4 中序号 1 主要考虑如下的运行工况（如图 3-30 所示），当高压直流断路器靠近阀侧发生永久性接地故障，高压直流断路器完成开断待系统稳定后，此时转移支路 IGCT 触发开关处于断开状态，其两端电压为储能电容电压与快速机械开关断口电压之和，即直流电压 250+535=785kV。所选用的单体 IGCT 额定阻断电压为 4500V，考虑一定的裕度，且为便于分层布置，最终选择转移支路 IGCT 二极管整流桥单元串联总数为 $N=420$。

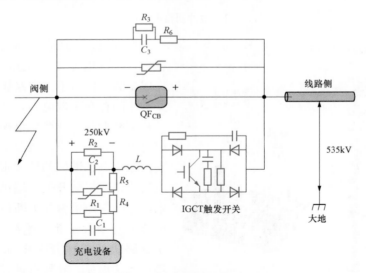

图 3-30　高压直流断路器阀侧发生永久性接地故障的 IGCT 运行工况

3. 振荡电感

　　转移支路中振荡电感的作用是当发生故障后，储能电容会通过振荡电感放电，产生 LC 谐振，叠加到主支路，使主支路电流过零开断。振荡电感总感值为 0.3mH。

振荡电感部件的总体应力情况与设计情况见表 3-5。

表 3-5 振荡电感总体电气应力及裕度

序号	参数	电气应力	设计值	裕度
1	额定电感值（mH）	—	0.3	
2	开断瞬时过电压（kV）	214	460	2.15
3	操作冲击耐受电压（kV）	246	460	1.87
4	雷电冲击耐受电压（kV）	314	552	1.78
5	振荡电流峰值（kA）	32	50	1.56

3.2.4 缓冲支路平台及组件参数

缓冲支路主要用来限制快速机械开关开断后的断口恢复电压上升率，缓冲支路平台尺寸为 3.1m（长）×2.4m（宽）×15.5m（高），其主要由缓冲电容、缓冲电容并联电阻及缓冲电容串联电阻组成，分成 5 个模块，9 层平台布置，其电气连接如图 3-31 所示，平台布置如图 3-32 所示。

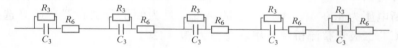

图 3-31 缓冲回路电气连接图

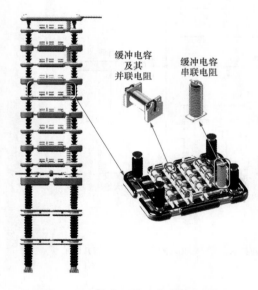

图 3-32 缓冲回路平台整体结构图

在机械式高压直流断路器开断过程中，振荡电流使主支路电流过零，完成熄弧。但由于主支路快速机械开关触头间存在杂散电容，杂散电容与转移支路振荡电感产生谐振，由于杂散电容的容值很小，杂散电容与转移支路振荡电感谐振的频率很高，会在主支路快速机械开关两端迅速产生高电压，即快速机械开关断口间的恢复电压上升率大于断口绝缘恢复速度，主支路快速机械开关电弧会发生复燃，无法熄弧，导致机械式高压直流断路器分闸失败。

设计时，在主支路两侧并联缓冲回路，缓冲回路电容等效容值选取为 0.099μF，由于快速机械开关断口触头间的杂散电容很小，和缓冲回路并联后的总电容相当于缓冲回路电容值，根据 $T=2\pi\sqrt{LC}$，电容容值越大，振荡周期越大，主支路快速机械开关的电压恢复速率减小，当小于主支路快速机械开关断口间的绝缘恢复速率时，电弧将不会重燃，有利于机械式高压直流断路器可靠分闸。为限制缓冲支路电流，缓冲电容串联电阻等效阻值为 80Ω，为实现静态均压，缓冲电容并联电阻等效阻值为 560MΩ。

3.2.5 耗能支路平台及组件参数

根据张北工程四端环网以及未来七端柔性直流输电系统的实际情况，对可能的运行方式工况进行仿真，全部工况中耗能支路 MOV 最大耗能为 153.3MJ。如考虑 20% 的热备用后，则避雷器总吸收能量应不小于 186MJ。

1. 耗能支路 MOV 配置方案及参数

耗能支路 MOV 采取 50 柱并联，每 5 柱封装为单只避雷器，10 只避雷器并联为 1 组避雷器单元，耗能支路采用 12 组避雷器串联，如图 3 - 33 所示，其整体参数见表 3 - 6。

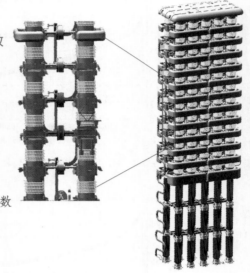

图 3 - 33　避雷器单元及平台布置图

表 3 - 6　　　　　　　　　　MOV 技术参数表

序号	参数名称	总参数	单位
1	持续运行电压	535	kV
2	1mA 直流参考电压	＞610	kV
3	残压	＜800	kV
4	操作冲击放电电流	36	kA
5	雷电冲击放电电流	36	kA
6	吸收能量	155	MJ
7	能量备用系数	≥20	%
8	直流电压（DC550kV）下的泄漏电流	＜1.85	mA
9	冷却时间（恢复至环境温度）	＜3	h
10	单次分断吸收能量	90	MJ
11	分断—重合闸—分断过程吸收能量	155	MJ
12	电容值	≥8000	pF
13	爬电比距	14	mm/kV

2. MOV 冷却时间与吸收能量的关系曲线

（1）10℃和 50℃注入 155MJ 能量后冷却曲线。

MOV 在环境温度 10℃和 50℃时注入 155MJ 能量后冷却曲线分别如图 3-34、图 3-35 所示，冷却特性数据见表 3-7。

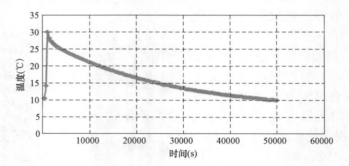

图 3-34　环境温度 10℃吸收 155MJ 能量后冷却曲线

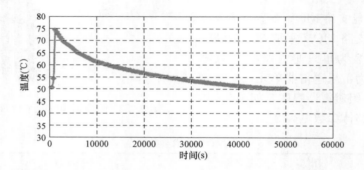

图 3-35　环境温度 50℃吸收 155MJ 能量后冷却曲线

表 3-7　　　环境温度 10℃和 50℃注入 155MJ 能量后冷却特性数据

环境温度（℃）	吸收能量（MJ）	MOV 温升（K）	3h 后 MOV 温度（℃）	冷却至 50℃时间（h）
10	155	27	16	—
50	155	28	56	15

（2）环境温度 50℃时注入 155MJ 能量后降温 3h 再次注入 155MJ 能量冷却曲线。

MOV 在环境温度 50℃时注入 155MJ 能量后降温 3h 再次注入 155MJ 能量冷却曲线如图 3-36 所示，其冷却特性数据见表 3-8。

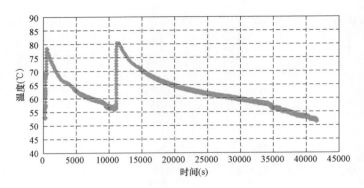

图 3-36　环境温度 50℃时注入 155MJ 能量后降温 3h 再次注入 155MJ
能量冷却曲线

表 3-8　环境温度 50℃时注入 155MJ 能量后降温 3h 再次注入 155MJ
能量冷却特性

环境温度 /℃	第一次满容量吸能 155MJ 后温升/K	3h 后避雷器 温度/℃	再次满容量吸能后 温升/K	3h 后避雷器 温度/℃	冷却至 50℃ 时间/h
50	28	56	82	64	18

3.2.6　供能系统

机械式高压直流断路器供能系统如图 3-37 所示,整个供能系统由站用电经不间断电源 UPS 供给系统的主供能变压器,主供能变压器将供能系统对地耐受电压抬升至直流系统电压等级,给主支路快速机械开关驱动柜、转移支路充电电容模块和 IGCT 阀组驱动控制提供能量,保障在系统发生故障时高压直流断路器能可靠动作。层间隔离变压器在每一层平台起隔离电压的作用。以转移支路平台为例,当系统在正常运行时,高压直流断路器两端电压均在 500kV 左右,但层与层之间电压约为零,此时层间隔离变压器不耐受电压。当系统发生故障时,高压直流断路器开断后需要承受系统的电压,即高压直流断路器两端电压约为 500kV,这时每层平台平均分配 500kV 电压,层与层之间有 100kV 左右的直流电压,此时层间隔离变压器承受 100kV 的直流电压,可保障每个设备的正常可靠运行。

1. 主供能变压器

主供能变压器采用电磁感应原理,分设高、低压绕组,高压绕组铜线绕制后用环氧树脂于外筒固定后,套装于铁心芯柱上,并通过绝缘件支撑于底板上,低压绕组绕制后套装于铁心芯柱上,外套开口低压屏蔽筒。高低压绕组通过 SF_6 气体绝缘且呈同芯布置。

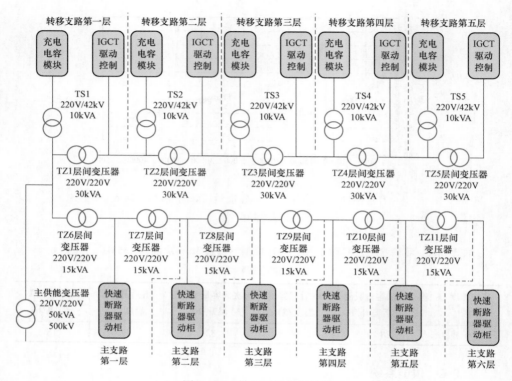

图 3-37　供能系统电气结构

主供能变压器在系统中的作用是满足断路器整机工作功率需求，承受直流线路对地绝缘电压应力和稳定可靠传输能量，500kV 主供能变压器电气参数见表 3-9。主供能变压器产品及结构如图 3-38 所示。

表 3-9　　　　　　　　　　500kV 主供能变压器电气参数表

序号	参数名称	参数值
1	额定直流耐压（kV）	535
2	一次输入电压（kV）	0.24
3	二次输出电压（kV）	0.24
4	频率	50
5	额定输出（kVA）	50
6	短路阻抗	≤10%
7	耐受直流电压（kV）	803kV×1.5/120min 568kV×1.15kV 局放小于 5pC

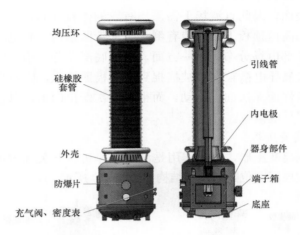

图 3 - 38　主供能变压器结构图

均压环

硅橡胶套管

外壳

防爆片

充气阀、密度表

引线管

内电极

器身部件

端子箱

底座

主供能变压器外观主要包括均压环、硅橡胶套管、外壳、防爆片、充气阀和密度表，其内部主要包括引线管、内电极、端子箱、底座和器身部分，主要精密部件为引线管和绕组铁心部分。由于一次电压和二次电压差为 500kV，引线管和绕组铁心部分需要承担 500kV 的绝缘，引线管和绕组铁心设计如图 3 - 39 所示。

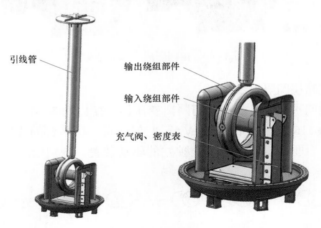

引线管

输出绕组部件

输入绕组部件

充气阀、密度表

图 3 - 39　500kV 主供能变压器引线管和绕组铁心结构图

该主供能变压器没有环氧树脂浇注绝缘件，采用介电常数更接近于 SF_6 的聚四氟乙烯材料，使表面的电场畸变程度更小，分布更均匀，有利于绝缘子的直流耐压。且受制于聚四氟乙烯低表面能的影响，主供能变压器放弃了内部金属嵌件的设计，而是从外部通过法兰固定，并在热胀冷缩状态下装配，以消除装配间隙。

在直流电压下由于电场力方向恒定，微粒将可能直接运动到高压导体附件上甚至绝缘子表面，因此直流场下需采用有效的微粒抑制措施。因此，该主供能变压器在内部高压顶板上，安装有倒八字形带凹槽的屏蔽电极，该电极一方面可以均匀内外部电场分布，另一方面，电极底部设置凹槽，形成一个凹陷的低电场区，当金属导电微粒一旦被捕捉到该电极凹槽区，因不满足电场大于临界浮起场强的条件而无法向上运动，而很难再次跃出凹槽，以达到有效捕捉高压端游离的金属导电微粒。

2. 层间隔离变压器

层间供能隔离变压器，主要作用是满足快速机械开关和 IGCT 阀组模块的功率需求，实现层间电位隔离。其结构如图 3 - 40 所示。

图 3 - 40　层间隔离变压器结构图

（1）主支路层间隔离变压器。

主支路层间一共布置 6 台层间隔离变压器，变比均为 220 : 220，一、二次侧耐受电压为 115kV，容量为 15kVA，它们为每一层平台的快速机械开关驱动柜供电，每一台驱动柜有两套完全独立的驱动装置，分别给两个快速机械开关供电，如图 3 - 41 所示。

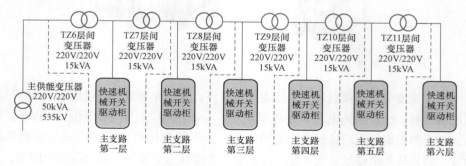

图 3 - 41　主支路供能电气结构

（2）转移支路层间隔离变压器。

转移支路层间一共布置 5 台层间隔离变压器，变比为 220V：220V，一、二次侧耐受电压为 115kV，容量为 30kVA，它们为每一层平台的 IGCT 驱动控制模块供电。除此之外转移支路还布置有 5 台升压变压器，变比为 220V：42kV，容量为 10kVA，每一台升压变压器给每一层的充电电容模块供电。

如图 3-42 所示，第一层转移支路的充电电容模块和 IGCT 驱动控制模块分别由主供能变压器和第一层转移支路层间隔离变压器 TZ1 供电，第一层转移支路层间隔离变压器 TZ1 一次接的是主供能变压器的二次，二次接的是第二层转移支路平台。

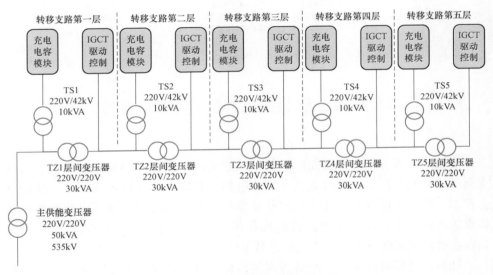

图 3-42　转移支路平台供能电气图

充电电容和储能电容在正常工作情况下，需要储存 250kV 的电压，供高压直流断路器在断开过程中转移支路产生振荡电流。所以需要供能系统一直给充电电容供电，设计采用 42kV 升压变压器经整流后给充电电容充电，充电电容再给储能电容充电。

第一层 42kV 升压变压器 TS1 采用 500kV 主供能变压器二次侧供电，经 220V：42kV 升压变压器，再经过一个桥式整流，输出一个峰值为 60kV 的直流电压给第一层充电电容模块充电，以此类推。

第一层转移支路层间隔离变压器在给第二层 42kV 升压变压器 TS2 供电的同时，也会给第一层 IGCT 阀驱动控制模块三绕组变压器供电。每一个 IGCT 阀组需要用一个三绕组变压器供电，一层平台 14 个 IGCT 阀组需要 14 个三绕组变压器供电，以此类推，总共 70 台三绕组变压器，转移支路层间 IGCT 阀组供电如图 3-43 所示。

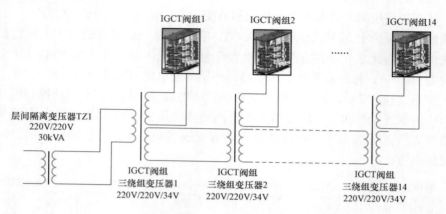

图 3-43 转移支路层间 IGCT 阀组单元供电图

3.3 机械式高压直流断路器控制、保护和监视系统

3.3.1 系统架构

机械式高压直流断路器控制保护系统主要用于满足对快速机械开关、转移支路 IGCT 触发开关及预储能电容充放电的控制需求，通过对各个子模块的独立控制，进而实现对整个高压直流断路器的控制。同时具备高压直流断路器本体保护功能，配合换流站内的直流控制保护系统，构成完整的控制保护系统，确保在极端故障情况下高压直流断路器本体的安全。

针对该机械式高压直流断路器本体结构，机械式高压直流断路器控制保护系统整体架构如 3-44 所示。

单台机械式高压直流断路器控制保护系统配置 15 面屏柜，如图 3-45 所示，其中两面高压直流断路器控制单元（Breaker Control Unit，BCU）、三面直流断路器保护单元（Breaker Circuit Protection，BCP）、五面转移支路控制单元和五面光电流互感器 TA（以下简称光 TA）就地采集单元。

机械式高压直流断路器控制单元 BCU 主要保护功能有高压直流断路器误分保护、高压直流断路器误合保护、高压直流断路器驱动回路电压监测、避雷器状态监测、避雷器吸能保护、避雷器动作次数监测、IGCT 过电流保护、IGCT 冗余监测、IGCT 状态监测、转移支路电压保护，以及高压直流断路器的分合闸控制功能。

机械式高压直流断路器保护单元 BCP 主要保护功能有合闸过电流保护、主支路过电流保护。

第3章

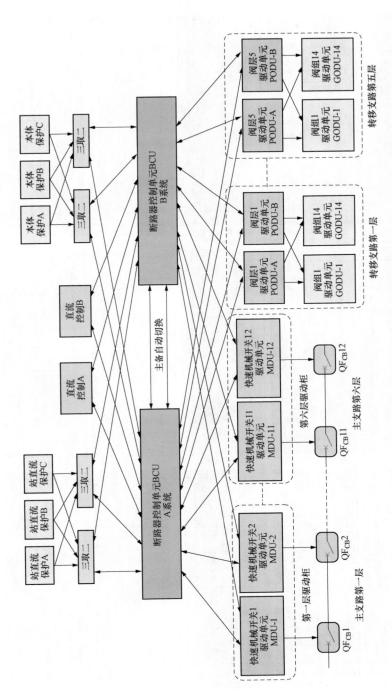

图3-44 机械式高压直流断路器控制保护系统架构

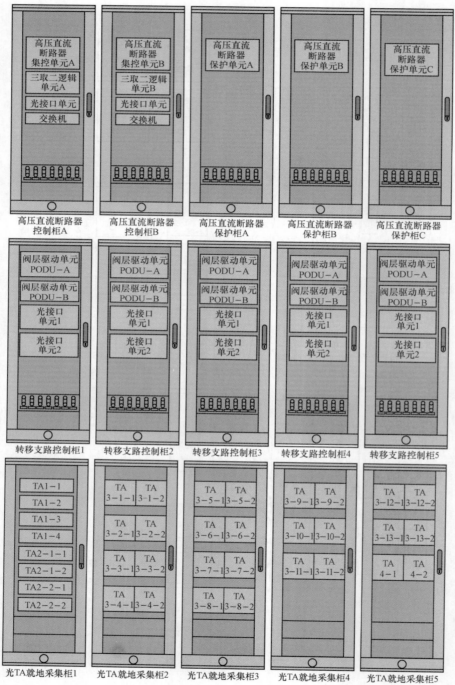

图 3-45　单台机械式高压直流断路器控保屏柜配置

3.3.2　测量系统

为了实现对机械式高压直流断路的控制保护功能，需要在主支路、转移支路和耗能支路上配置光 TA 用于测量各个支路的电流。

该机械式高压直流断路器控制保护测量系统配置的测点有如下 4 个。

(1) 总支路光 TA1：配置 4 个一次光纤环（含一个热备用）；

(2) 主支路光 TA2：配置 2 个测点，每个测点配置 2 个一次光纤环，总共配置 4 个一次光纤环（含一个热备用）；

(3) 转移支路光 TA4：配置 2 个一次光纤环；

(4) 耗能支路避雷器光 TA3：每层布置一个测点，每个测点配置 2 个一次光纤环，测点位置如图 3-46 所示。

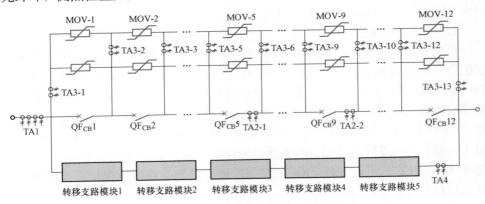

图 3-46　机械式高压直流断路器测量系统配置示意图

3.3.3　控制系统

500kV 机械式高压直流断路器控制单元 BCU 按照双冗余配置，两套控制系统同时投入运行，降低切换时系统故障不能及时动作的风险。当一套出现故障时告警，当两套均故障时闭锁高压直流断路器，并向直流控制保护系统发送报警信号。

高压直流断路器控制单元 BCU 主要实现对高压直流断路器的控制、保护、监测等逻辑判别，对上接收直流控制保护分合闸操作信号，并向上提供高压直流断路器本体状态信息和告警信息等重要信息，对下发送快速机械开关分合闸和 IGCT 导通关断命令，并接收快速机械开关位置、IGCT 状态及驱动回路状态信息。

驱动单元按照驱动对象分为快速机械开关驱动单元 MDU（Mechanical Drive Unit，MDC）、IGCT 阀层驱动单元（Port Optical Drive Unit，PODU）以及 IGCT 阀组驱动单元（Group Optical Drive Unit，GODU），快速机械开关

驱动单元安装于快速机械开关各层的驱动控制柜内，接收高压直流断路器控制单元的分合闸命令，导通分合闸回路晶闸管使分合闸线圈驱动快速机械开关动作，实现分合闸操作，并且上传快速机械开关的位置信号和驱动回路异常信号。IGCT 驱动单元接收断路器控制单元的导通信号后导通所有 IGCT 阀组，接收到高压直流断路器控制单元的关断信号后关断所有 IGCT 阀组，实现对 LC 振荡的触发和关断，并且上传 IGCT 阀组的状态信息和异常信号。

快速机械开关驱动单元和 IGCT 驱动单元完成各元件的逻辑执行和状态采集反馈功能，为满足快速响应低时延的需求均采用 FPGA 处理方式，满足强弱电分离和严苛电磁环境的需求，两个装置均采用单一板卡设计，集成功能相关的 FPGA 芯片、FT3 光发送口、FT3 光接收口、开入 BI（Binary Input，BI）、开出 BO（Binary Output，BO）以及电源。

3.3.4 保护系统

机械式高压直流断路器保护单元 BCP 为高压直流断路器的主保护，按照三套配置，跳闸逻辑执行"三取二"逻辑。当一套故障时转为"二取一"模式；当两套故障时转为"一取一"模式；当三套故障时闭锁断路器，任何一套保护系统故障时均向直流控制保护系统发送报警信号。机械式高压直流断路器保护单元 BCP 主要保护功能有断路器误分保护、断路器误合保护、断路器驱动回路电压监测、避雷器状态监测、避雷器吸能保护、避雷器动作次数监测、IGCT 过电流保护、IGCT 冗余监测、IGCT 状态监测、转移支路电压保护以及合闸过电流保护和主支路过电流保护。

（1）高压直流断路器误分保护。

高压直流断路器在合闸状态下无分闸命令时，若出现断路器误分闸，为保证系统稳定运行，高压直流断路器控制单元 BCU 设置了一段经控制字控制的无延时的高压直流断路器误分保护功能。具体功能为实时监测 12 个快速机械开关位置信息。高压直流断路器处于合态则无分闸命令，若监测到任意数量快速机械开关处于分位且相应驱动电压降低，发出告警"××快速机械开关异常分闸"，并对异常快速机械开关进行合闸。如果合闸未成功，请求自分断，接到自分断命令后如仍未成功合闸，且快速机械开关数量不大于3时，直接跳机械式高压直流断路器；如未成功合闸快速机械开关数量大于3时，启动失灵，闭锁对应快速机械开关分合闸。高压直流断路器误分保护的逻辑框图如图 3-47 所示。

（2）机械式高压直流断路器误合保护。

机械式高压直流断路器在分闸状态下无合闸命令时，若出现断路器误合闸，为保证系统稳定运行，高压直流断路器控制单元 BCU 设置了一段经控制字控制的无延时的断路器误合保护功能。

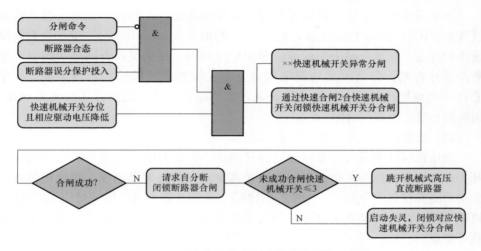

图 3-47　机械式高压直流断路器误分保护逻辑图

高压直流断路器误合保护的逻辑框图如图 3-48 所示。实时监测 12 个快速机械开关位置信息，高压直流断路器处于分态无合闸命令，监测到 1 个快速机械开关合位且相应驱动电压降低，发出告警"××快速机械开关异常合闸"，闭锁对应快速机械开关分合闸。

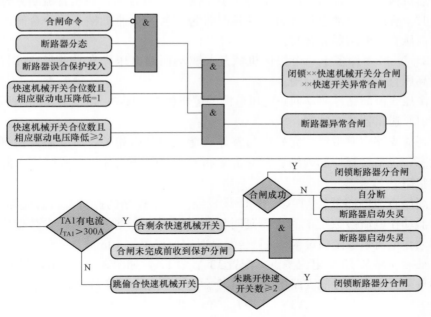

图 3-48　高压直流断路器误合保护逻辑图

如果不小于 2 个快速机械开关合位且相应驱动电压降低，发出告警"断路器异常合闸"，监测 TA1 电流，如果 TA1 有电流（$I_{TA1}>300A$），立即合剩余快速机械开关，如果合闸未完成前收到保护分闸则上报失灵；合闸成功闭锁直流断路器分合闸，合闸未成功则请求自分断，收到跳闸信号后启动失灵。如果 TA1 无电流则跳开偷合快速机械开关，如 $N \geqslant 2$ 个快速机械开关分闸未成功，则闭锁直流断路器分合闸。

（3）快速机械开关驱动回路电压监测。

快速机械开关采用电容器放电方式驱动，电容器电压直接影响到快速机械开关开断性能及能否正常开断，需要监测驱动回路电容器电压。快速机械开关驱动回路共设置了分闸 1、分闸 2、合闸 1、合闸 2 四个电容器，对应 12 个快速机械开关，并分别设置了过电压和欠电压电压监测，电压额定值和过压欠压系数可整定。

实时监测每一个快速机械开关驱动电压，当电容器电压大于过电压定值（或小于低压定值）时，经延时闭锁高压直流断路器，并向直流控制保护系统发送告警信号。

1）$N=1$（即只有一个快速机械开关驱动回路电压异常）。高压直流断路器处于合态时，分闸 1、分闸 2、合闸 1 驱动电压任意一个异常，经延时告警"××快速机械开关分合闸闭锁"，闭锁快速机械开关分合闸；高压直流断路器处于分态时，合闸 1 驱动电压异常，经延时告警"××快速机械开关分合闸闭锁"，闭锁高压直流断路器分合闸。

2）$N \geqslant 2$（即多于一个快速机械开关驱动回路电压异常）。则经延时告警，闭锁高压直流断路器分合闸。

高压直流断路器驱动回路电压监测的逻辑框图如图 3-49、图 3-50 所示。

（4）避雷器状态监测。

耗能支路中避雷器的完好率与整体吸能能力紧密相关，所以需要监测避雷器状态，包括套管外部闪络、套管击穿和避雷器部分阀片损坏或吸潮等降低能力的状态。

高压直流断路器控制单元 BCU 设置经控制字控制的避雷器状态监测功能，避雷器动作电流系数定值和告警延时定值可整定。根据一次系统参数整定，避雷器动作电流系数定值设为 0.4，告警延时定值设置为 10ms。

耗能支路共 13 个电流测点，配置 13 个光 TA，如图 3-51 所示，其中首端、末端各配置 1 个，耗能支路中配置 11 个。耗能支路 MOV 故障判据为

$$|TA3-x| > I_{set1} \quad (x=2, 3, \cdots, 12)$$

根据监测出的 $|TA3-x|$ 是否大于定值来判断避雷器损坏的区域（参考表3-10），并发出告警"××层避雷器损坏"。

第3章

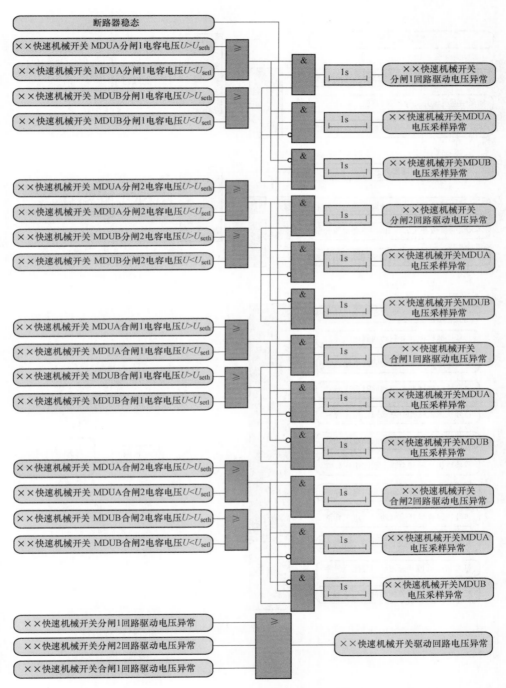

图3-49 机械式高压直流断路器驱动回路电压监测逻辑图（一）

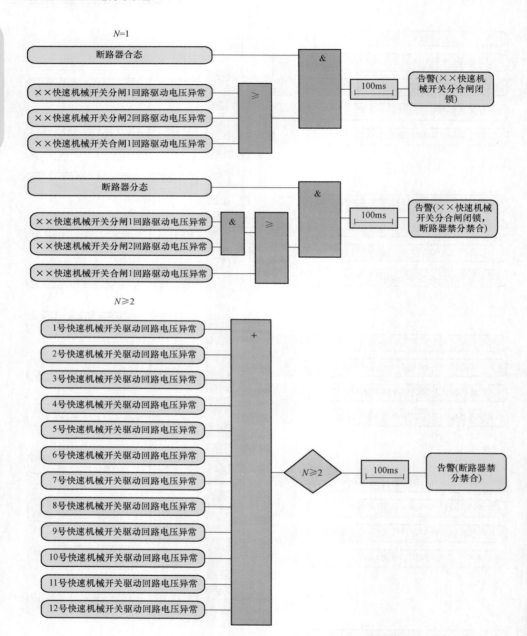

图 3-50　机械式高压直流断路器驱动回路电压监测逻辑图（二）

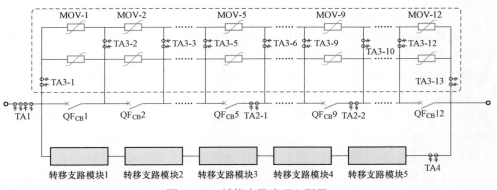

图 3 - 51　耗能支路光 TA 配置

表 3 - 10　　　　　　　　　　　避雷器损坏判断真值表

TA 3-2	TA 3-3	TA 3-4	TA 3-5	TA 3-6	TA 3-7	TA 3-8	TA 3-9	TA 3-10	TA 3-11	TA 3-12	结果
1											MOV - 1 坏
1	1										MOV - 2 坏
	1	1									MOV - 3 坏
		1	1								MOV - 4 坏
			1	1							MOV - 5 坏
				1	1						MOV - 6 坏
					1	1					MOV - 7 坏
						1	1				MOV - 8 坏
							1	1			MOV - 9 坏
								1	1		MOV - 10 坏
									1	1	MOV - 11 坏
										1	MOV - 12 坏

　　如果 $N=1$ 层避雷器损坏，发出告警请求检修，下次合闸命令后，对应的快速机械开关断口分闸闭锁、合闸闭锁；如果 $N \geqslant 2$ 层避雷器损坏，发出告警请求检修，高压直流断路器禁分禁合。

　　避雷器状态监测逻辑框图如图 3 - 52 所示。

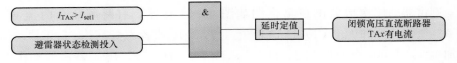

图 3 - 52　避雷器状态监测逻辑图

（5）避雷器吸能保护。

耗能支路避雷器经过一次吸收能量动作后温度升高，需要有足够时间冷却至规定温度。高压直流断路器控制单元 BCU 设置慢分闸成功、合闸于故障后分闸成功、单次快分闸成功/快分闸后重合闸成功和快分闸后重合闸于故障并再次分闸成功 4 个吸收能量后的闭锁高压直流断路器分合闸逻辑，闭锁时间可整定。根据一次系统参数及要求整定慢分闸成功闭锁时间（30min）、合闸于故障后分闸成功闭锁时间（120min）、单次快分闸成功/快分闸后重合闸成功闭锁时间（160min）、快分闸后重合闸于故障并再次分闸成功闭锁时间（180min）。

装置判断系统保护分合闸命令及高压直流断路器位置状态，区分慢分闸成功、合闸于故障后分闸成功、单次快分闸成功/快分闸后重合闸成功和快分闸后重合闸于故障并再次分闸成功的情形，分别闭锁高压直流断路器分合闸相应时间。

避雷器吸能保护逻辑框图如图 3-53 所示。

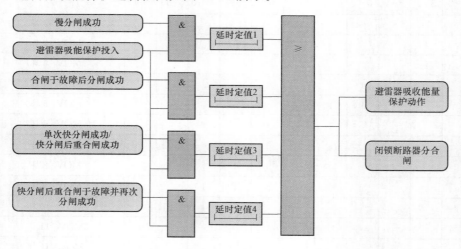

图 3-53　避雷器吸能保护逻辑图

（6）避雷器动作次数监测。

避雷器寿命受动作次数影响，需监测避雷器动作次数来判断避雷器好坏，高压直流断路器控制单元 BCU 设置了避雷器动作次数监测功能，避雷器动作电流定值可整定。根据一次系统参数整定，避雷器动作电流定值设为 1kA。

避雷器动作次数监测逻辑框图如图 3-54 所示，有跳闸命令时监测 I_{A1}（TA3-1 电流）和 I_{A13}（TA3-13 电流），$I_{A1} > I_{set}$ 或者 $I_{A13} > I_{set}$，避雷器动作次数加 1；无跳闸命令时监测 I_{A1} 和 I_{A13}，$I_{A1} > I_{set}$ 且 $I_{A13} > I_{set}$，避雷器动作次数加 1。

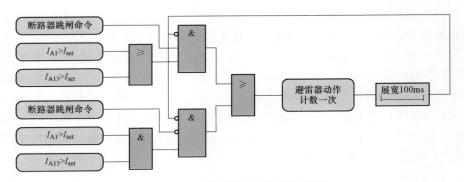

图 3 - 54　避雷器动作次数监测逻辑图

（7）IGCT 过电流保护。

高压直流断路器在分闸过程中，IGCT 导通后，转移支路会流过电流，为防止 IGCT 在导通后流过的电流太大而被损坏，高压直流断路器控制单元 BCU 设置了经软压板控制字控制的 IGCT 过电流保护，过电流定值和动作延时定值可整定。根据一次系统参数与设计整定，过电流定值设为 3kA，延时定值设为 5ms。

转移支路 IGCT 触发导通后 3ms，监测转移支路 IGCT 的电流值 I_{A4}（TA4 电流），如果大于定值（定值 3kA），延时告警报"IGCT 闭锁"，经合闸 2 回路合快速机械开关，闭锁高压直流断路器分合闸。

IGCT 过电流保护的逻辑框图如图 3 - 55 所示。

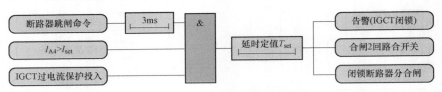

图 3 - 55　IGCT 过电流保护逻辑图

（8）IGCT 冗余监测。

IGCT 本体贯穿性击穿或者外绝缘支撑被破坏时导致短路失效状态，IGCT 驱动回路异常、IGCT 阀通信异常、阀组驱动单元通信异常、阀层驱动单元通信异常引起 IGCT 不能正常导通，从而导致高压直流断路器开断失败。

高压直流断路器控制单元 BCU 设置了 IGCT 状态监测功能，冗余系数可整定。根据一次系统参数与设计，IGCT 冗余监测分闸状态系数设为 0.08，合闸状态系数设为 0.2。IGCT 冗余监测情况如下。

1）合闸状态下。

监测 IGCT 阀层驱动单元通信情况，如果一层两台阀层驱动单元均通信异常，视为该层 IGCT 均不可控，记 IGCT 不可控数 $A=N×84$（N 为阀层驱动单元均通信异常层数），该层其他 IGCT 异常情况不再计数；通信正常的阀层驱动单元每一层继续寻找不可控 IGCT，若有 IGCT 阀组驱动单元通信异常，记 IGCT 不可控数 $B=M×6$（M 为阀组驱动单元通信异常台数），通信异常阀组驱动单元所控制的 IGCT 其他异常不再计数；通信正常的阀组驱动单元继续寻找不可控 IGCT，若 IGCT 阀组通信异常，记 IGCT 不可控数 C；计算总共不可控 IGCT 数 $W=A+B+C$，W 大于等于 $420×K_{set1}$（台），告警报"IGCT 过冗余异常"，闭锁高压直流断路器分合闸。

2）分闸状态下。

监测阀层驱动单元通信情况，如果一层两台阀层驱动单元均通信异常，视为该层 IGCT 均不可控，记 IGCT 不可控数 $A=N×84$（N 为阀层驱动单元均通信异常层数），该层其他 IGCT 异常情况不再计数；通信正常的阀层驱动单元每一层继续寻找不可控 IGCT，若有阀组驱动单元通信异常，记 IGCT 不可控数 $B=M×6$（M 为阀组驱动单元通信异常台数），通信异常阀组驱动单元所控制的 IGCT 其他异常不再计数；通信正常的 GODU 继续寻找不可控 IGCT，若 IGCT 阀通信异常，记 IGCT 不可控数 C；计算总共不可控 IGCT 数 $W=A+B+C$，W 超过 $420×K_{set1}$，小于 $420×K_{set2}$ 时，报警，分合闸闭锁，请求检修，IGCT 闭锁，上报 IGCT 过冗余失效；W 大于等于 $420×K_{set2}$（台），告警报"IGCT 异常"，经合闸 2 回路合高压直流断路器，闭锁高压直流断路器分合闸。

IGCT 冗余监测逻辑框图如图 3-56 所示。

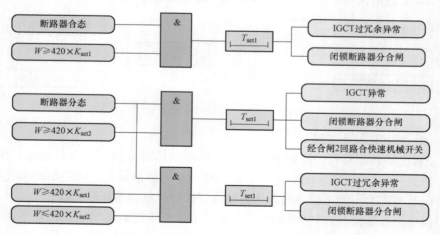

图 3-56　IGCT 冗余监测逻辑图

（9）IGCT 状态监测。

IGCT 触发导通后，IGCT 异常引起不能正常导通，会导致高压直流断路器开断失败。高压直流断路器控制单元 BCU 设置了 IGCT 状态监测功能，监测 IGCT 在动作过程中异常数量，异常数量系数可设定，根据一次系统参数与设计，IGCT 状态监测系数设为 0.2。

IGCT 异常判别：每一组 IGCT 阀组（6 个 IGCT）中 2 个 IGCT 异常则整个阀组异常。

IGCT 状态监测：IGCT 触发导通后 10ms，关断 IGCT，异常阀组数量大于 $420 \times K_{set}$，告警报 "IGCT 关断失败"，经合闸 2 回路合断路器，闭锁断路器分合闸，快速机械开关合闸后经延时后关断 IGCT。

IGCT 状态监测逻辑框图如图 3-57 所示。

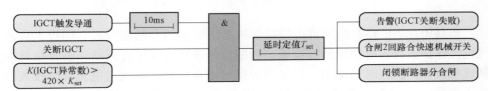

图 3-57　IGCT 状态监测逻辑图

（10）转移支路电压保护。

转移支路电容电压（经储能电容电压测量装置 TV1、充电电容电压测量装置 TV2 测量所得）由于 IGCT 误触发、电容器及其辅助支路、电源回路故障、储能电容、充电电容、储能电容避雷器、储能电阻、充电电阻故障等均可能导致设备过电压、欠电压。机械式高压直流断路器控制单元 BCU 设置经软压板控制字控制的转移支路电压保护（过电压保护投入、欠电压保护投入），电压定值（过电压定值、欠电压定值）和延时定值（过电压时间定值、欠电压时间定值）均可设置。根据一次系统参数整定，过电压定值设为 55kV、欠电压定值设为 45kV，过电压时间定值设为 5s、欠电压时间定值设为 5s。

转移支路电压保护的逻辑框图如图 3-58 所示，当充电电容器/储能电容器电压高于过电压定值或低于低电压定值，经过延时定值跳开 42kV 升压变压器，经合闸 2 回路合快速机械开关，闭锁高压直流断路器，并向直流控制保护系统发送报警信号。

（11）合闸过电流保护。

当线路手合或重合于故障时，要求高压直流断路器能迅速动作隔离故障点，降低避雷器吸能及对系统的冲击。

高压直流断路器保护单元 BCP 设置了一段经软压板、控制字控制的合闸过电流保护，合闸过电流定值和合闸动作延时定值可整定。根据一次系统参数整定，合闸过电流保护定值设为 6.8kA，延时定值设置为 $100\mu s$。

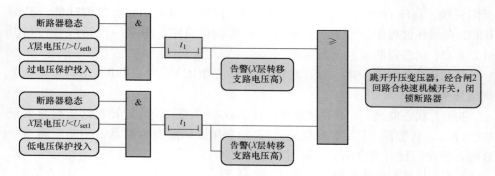

图 3-58　转移支路电压保护逻辑图

当高压直流断路器接到直流控制保护系统发出的合闸指令时立即投入合闸过电流保护，投入时间定值可设置，判断合闸成功（高压直流断路器合位且合闸过电流保护投入时间结束）后退出合闸过电流保护。合闸过电流保护投入后若主支路电流大于过电流保护定值，则合闸过电流保护动作，立即发送跳闸 FT3 报文到 BCU 装置跳开高压直流断路器，并向直流控制保护系统发送报警信号。

合闸过电流保护的逻辑框图如图 3-59 所示。

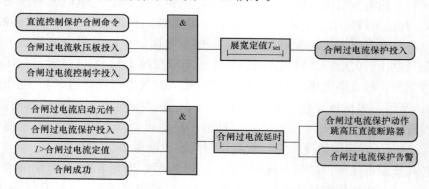

图 3-59　合闸过电流保护逻辑图

（12）主支路过电流保护。

高压直流断路器不能开断超过限值的直流电流，需要将实际开断电流限制在开断能力之内。

高压直流断路器保护单元 BCP 设置了一段经软压板、控制字控制的主支路过电流保护，过电流定值和延时定值可整定。根据一次系统参数整定，电流定值设定为 13kA，保护延时定值为 $100\mu s$，可保证分断前主支路电流不大于 25kA。

80

当高压直流断路器接到直流控制保护系统发出的分闸指令时，若主支路电流大于等于过电流保护定值，则闭锁高压直流断路器分断操作，并向直流控制保护系统发送报警信号，禁止断路器分/合闸；若主支路电流小于过电流保护定值，则正常执行断路器分闸。

主支路过电流保护的逻辑框图如图 3-60 所示。

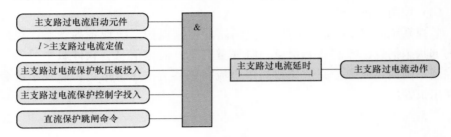

图 3-60　主支路过电流保护逻辑图

3.3.5　运行与监视

高压直流断路器配置有监视系统，结合机械式高压直流断路器控制保护系统的体系结构、系统特点、功能需求以及柔性直流换流站的运行习惯等进行设置，其配置有专门的后台，并于换流站控制室内进行高压直流断路器的控制和状态监视。高压直流断路器监视系统采用 IEC 61850 规约，并留有接口与柔性直流监视系统通信。监视系统还具备手动或自动故障录波功能，录波数据自动上送至后台服务器中保存。

高压直流断路器监视系统主要监视对象有如下 6 个。

（1）快速机械开关。

监视系统能够实时监视快速机械开关的状态，包括分合状态、储能及控制单元状态、供能电源状态、通信状态等。如果快速机械开关损坏或者失去冗余数导致高压直流断路器无法正常运行，监视系统会即发出报警信息。

（2）IGCT 触发开关组件。

监视系统能够实时监视 IGCT 触发开关组件的状态，包括驱动状态、供能电源状态、通信状态等。如果电力电子开关组件损坏或者失去冗余数导致高压直流断路器无法正常运行，监视系统会立即发出报警信息。

（3）耗能支路 MOV 组件。

监视系统能够实时监视避雷器组件的状态，包括 MOV 动作次数、MOV 吸收能量、MOV 是否击穿、MOV 是否均流，以及识别 MOV 故障层。

（4）供能系统。

监视系统能够实时监视供能系统的状态，包括不间断电源 UPS 系统状态、供能变压器状态等。如果供能系统损坏导致直流断路器无法正常运行，监视系统会立即发出报警信息。

（5）储能电容及充电设备。

监视系统能够实时监视储能电容及充电设备的状态，包括储能电容电压、充电电容电压、触发晶闸管状态等。充电电容、储能电容及充电设备无法正常运行，监视系统会立即发出报警信息。

（6）控制保护系统。

监视系统能够实时监视高压直流断路器控制保护系统设备的状态，包括装置内部状态信息、控制状态信息、电气量信息、通信信息、软件版本号等。如果控制系统损坏或失去冗余导致高压直流断路器无法正常运行，监视系统会立即发出报警信息。

第 4 章

混合式高压直流断路器

混合式高压直流断路器结合了机械式直流断路器和固态高压直流断路器的优点，用快速机械开关来导通正常运行电流，固态电力电子器件来分断短路电流，使得其既具备较低的通态损耗，又有很快的分断速度，是目前的研究热点。

本章主要讲述在张北工程中得到应用的一种±500kV混合式高压直流断路器，下面对其拓扑结构、工作原理、运行特性、本体结构及控制保护监视方案进行详细介绍。

4.1 混合式高压直流断路器工作原理及运行特性

该混合式高压直流断路器采用模块级联的混合式技术路线，兼具低通态损耗和高速分断特性，主要由快速机械开关，电力电子开关和耗能支路MOV组件等主设备及供能系统、水冷系统、控制保护装置等辅助设备构成。

4.1.1 拓扑结构与工作原理

1. 拓扑结构

混合式高压直流断路器拓扑由主支路、转移支路和耗能支路三条支路并联构成。混合式高压直流断路器整体拓扑如图4-1所示。

主支路由一组快速机械开关和少量IGBT阀组、二极管模块级联构成的电力电子开关组成，用于导通系统运行电流和转移故障电流；转移支路由大量二极管、IGBT阀组级联的电力电子开关组成，用于关断各种暂稳态工况下的电流；耗能支路由多只耗能避雷器串并联组成串联构成，用于抑制断路器暂态分断电压和吸收感性元件储存能量。

该混合式高压直流断路器各支路结构如下。

（1）主支路快速机械开关采用10个真空开关断口串联，包含1个串联断口冗余。

（2）主支路电力电子开关以IGBT阀组作为基本单元，如图4-2所示，采用3并8串结构，每个子模块由4只IGBT正反向串并联组成。主支路电力电子开关包含1组并联冗余模块，3组串联冗余模块。

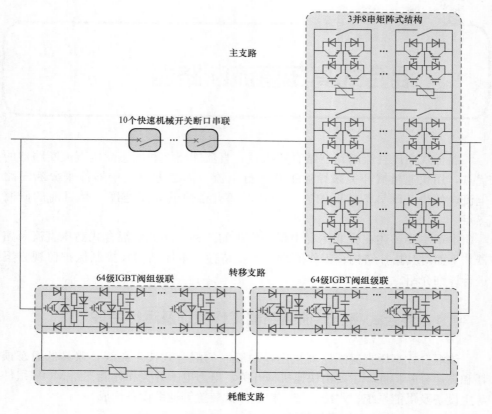

图 4-1　混合式高压直流断路器拓扑原理

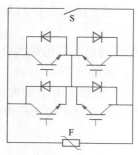

图 4-2　主支路 IGBT 模块

主支路电力电子开关具备双向导通、关断电流能力，IGBT 闭锁后，电流流过避雷器 F 并依靠避雷器限制子模块两端的电压。

主支路 IGBT 阀组配置有旁路开关 S，当断路器工作工程中发生 1 个并联的子模块故障时，三个并联的子模块均将旁路。

（3）转移支路由 5 级 100kV 单元模块级联构成，每级单元模块由 64 级 IGBT 阀组级联而成，采用二极管与 IGBT 组成的框架结构利用单向 IGBT 来实现双向电流关断，每个模块单元包含 6 级串联冗余，转移支路共 30 级串联冗余（冗余度 10%）。转移支路 IGBT 阀组结构如图 4-3 所示。

（4）耗能支路由 10 个避雷器单元级联而成，每两个避雷器单元先串联再并联于 1 个转移支路模块单元两端，包含 20% 热备用冗余。

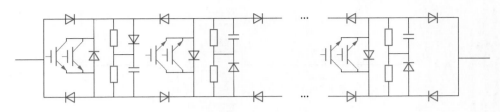

图 4 - 3　转移支路 IGBT 阀组电气结构

2. 工作原理

混合式高压直流断路器有断态、通态（长时导通系统电流）、合闸与分闸等工作状态，下面简要介绍其原理。

（1）断态与合闸。

断路器合闸前处于断态，快速机械开关处于分闸状态，主支路及转移支路电力电子开关闭锁，断路器两端呈高阻状态。合闸是断路器由断态至通态的工作过程。

1）合闸时，首先导通转移支路，电流经转移支路电力电子开关流通，如图 4 - 4 所示。

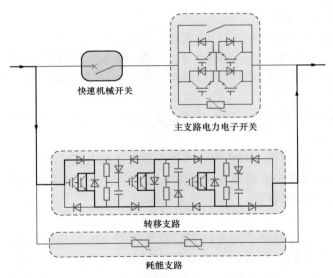

图 4 - 4　合闸—转移支路导通图

2）若在系统故障判断时间周期内未收到系统开断命令或未达到转移支路合闸过电流保护阈值，快速机械开关合闸，导通主支路电力电子开关，断路器投入运行，如图 4 - 5 所示。

3）否则，转移支路电力电子开关闭锁，分断退出。

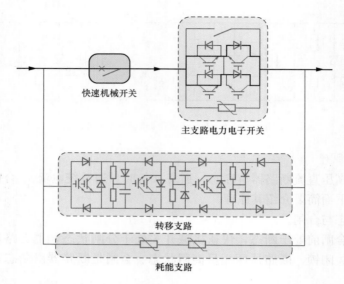

图 4-5　合闸—主支路导通（通态）图

（2）分闸过程。

分闸工作过程如下。

1）断路器收到分闸命令时，主支路电力电子开关闭锁。

2）转移支路电力电子开关处于导通状态，强迫电流转移至转移支路。

3）快速机械开关在电流过零后分闸，在零电压零电流环境下建立绝缘耐受能力。

4）在快速机械开关触头间距足够承受断路器暂态分断电压时，转移支路电力电子开关闭锁。

5）强迫电流转移至 MOV 中，实现能量耗散和电流清除。

该混合式高压直流断路器分断直流电流工作过程如图 4-6 所示。

4.1.2　电气技术参数

1. 断态时

混合式高压直流断路器处于断态，且柔性直流电网系统带电工况下，断路器两端耐受系统最高运行电压 535kV，分别由快速机械开关、转移支路电力电子开关、耗能支路 MOV 承担，各支路仅有因压差产生的漏电流流过。

2. 合闸时

高压直流断路器合闸过程中，转移支路导通，若电流判定不超过保护定值（定值 6.8kA），电流判定完成后，快速机械开关闭合，主支路电力电子开关导通，电流转移至主支路；若电流判定超过保护定值，考虑保护延迟，转移支路耐受电流峰值不低于 8.5kA，此过程中主支路和耗能支路耐受转移支路导通电压。

86

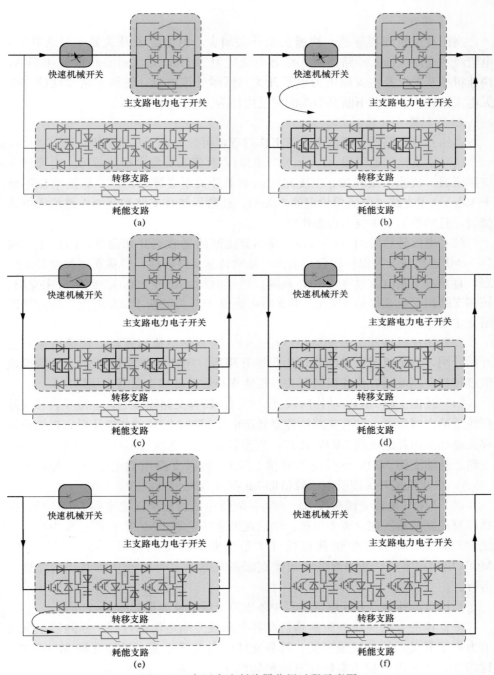

图 4-6　高压直流断路器分闸过程示意图

（a）主支路闭锁；（b）主支路电流转移；（c）快速机械开关分闸；（d）转移支路闭锁；
（e）转移支路电流转移；（f）故障电流清除

3. 导通时

高压直流断路器导通，快速机械开关闭合，电力电子开关处于导通状态，电流经主支路流通。断路器最大稳态电流应力为 1min 最大过负荷电流 4.5kA，快速机械开关以及主支路电力电子开关共同耐受该电流，转移支路和耗能支路无电流流过，该工况下断路器端间耐受电压为主支路通态电压。

4. 开断最大电流时

高压直流断路器开断最大电流工作过程，可分为以下几个阶段。

(1) 主支路导通阶段（$t_0 - t_1$）：t_0 时刻，直流系统发生短路故障。电流经主支路流通，快速机械开关、主支路电力电子开关耐受导通电流，导通电流不低于 15kA（主支路过电流保护定值 13kA）。此阶段转移支路和耗能支路均无电流流过，且两端耐受主支路通态压降。

(2) 电流转移阶段（$t_1 - t_2$）：高压直流断路器收到开断命令，闭锁主支路（t_1），快速机械开关保持闭合，电流开始向转移支路转移，转移支路保持开通状态，直至主支路电流过零（t_2），该阶段持续时间不超过 $200\mu s$。此阶段主支路、转移支路耐受电流峰值 15kA，主支路电力电子开关关断 15kA 电流，耗能支路耐受主支路通态电压。

(3) 快速机械开关分闸阶段（$t_2 - t_3$）：主支路电流过零后，快速机械开关开始分闸，直至机械开关断口产生足够开距后，闭锁转移支路（t_3）。此阶段电流经转移支路流通，快速机械开关、耗能支路耐受转移支路通态压降。

(4) 耗能支路 MOV 动作阶段（$t_3 - t_4$）：转移支路闭锁后，电流经转移支路模块缓冲电容流通，转移支路所建立暂态电压超过 MOV 动作电压后，电流由转移支路逐渐向耗能支路 MOV 转移，直至转移支路电流过零（t_4）。此阶段转移支路、耗能支路 MOV 耐受电流峰值 25kA，转移支路电力电子开关关断电流 25kA，快速机械开关耐受电压峰值即 MOV 电压峰值 800kV。

(5) MOV 电流衰减阶段（$t_4 - t_5$）：故障电流转移至耗能支路 MOV 后，因高压直流断路器所建立暂态电压，电流逐渐衰减至零，MOV 在该过程中吸收系统剩余能量，该过程中快速机械开关耐受断路器端间电压，即 MOV 电压。MOV 电流过零后，断路器端间耐受直流系统电压 500kV 至所在直流线路恢复运行。

高压直流断路器开断电流过程中各支路电压电流波形如图 4-7 所示。

根据该混合式高压直流断路器在各个阶段开断电流的过程，断路器主支路电力电子开关、快速机械开关、转移支路电力电子开关、耗能支路 MOV 等关键组部件主要电气技术参数仿真波形如图 4-8～图 4-11 所示。

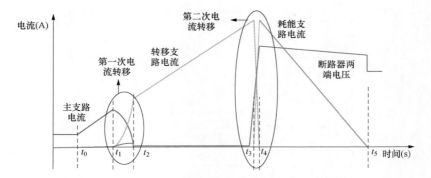

图 4-7　高压直流断路器开断电流过程中电压电流波形

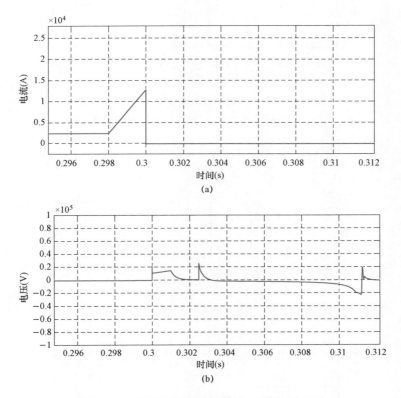

图 4-8　主支路电力电子开关电压和电流波形

（a）主支路电力电子开关电流波形；

（b）主支路电力电子开关电压波形

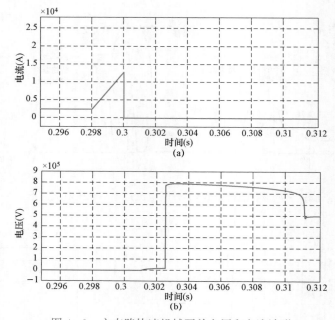

图 4 - 9　主支路快速机械开关电压和电流波形

（a）主支路快速机械开关电流波形；（b）主支路快速机械开关电压波形

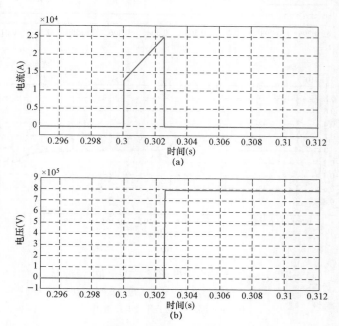

图 4 - 10　转移支路电力电子开关电压和电流波形

（a）转移支路电力电子开关电流波形；（b）转移支路 IGBT 总体电压波形

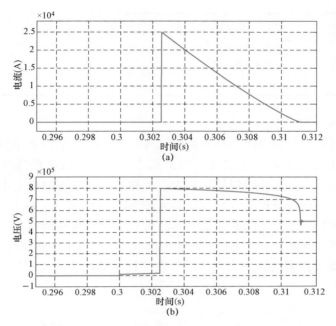

图 4 - 11　耗能支路 MOV 电压和电流波形

（a）耗能支路 MOV 电流波形；（b）耗能支路 MOV 电压波形

混合式高压直流断路器在最大直流电流开断过程中的电气技术参数见表 4 - 1。

表 4 - 1　　　混合式高压直流断路器最大电流开断过程电气技术参数

工作阶段	项目	电流	电压
$t_0 \sim t_1$ （主支路闭锁前）	主支路电力电子开关	长时 4.5kA 后，5ms/15kA	主支路模块通态压降
	快速机械开关	长时 4.5kA 后，5ms/15kA	快速机械开关本体压降
$t_1 \sim t_2$ （第一次电流转移）	主支路电力电子开关	0.2ms/15kA	各模块不超过 3.6kV
	转移支路电力电子开关	0.2ms/15kA	转移支路通态电压
	快速机械开关	15kA	快速机械开关本体压降
$t_2 \sim t_3$ （快速机械开关动作）	主支路电力电子开关	0	各模块不超过 3.6kV
	转移支路电力电子开关	3ms/25kA	转移支路通态电压
	快速机械开关	0	转移支路通态电压
$t_3 \sim t_4$ （转移支路闭锁至 MOV 动作前）	转移支路电力电子开关	25kA	各模块不超过 3.6kV
	快速机械开关	0	30μs/612kV
	耗能支路 MOV	<1mA	30μs/612kV

续表

工作阶段	项目	电流	电压
$t_4 \sim t_5$ （MOV 吸收能量至 故障清除）	转移支路电力电子开关	0	各模块不超过 3.6kV
	快速机械开关	0	30ms/800kV
	耗能支路 MOV	30ms/25kA	30ms/800kV

5. 快速重合时

该混合式高压直流断路器具备单次电流开断 300ms 后快速重合闸能力，以及快速重合于故障下具备再次开断电流能力。高压直流断路器单次开断电流 300ms 后快速重合，重合原理与断路器合闸相同，转移支路耐受电流峰值不低于 8.5kA（合闸过电流保护定值为 6.8kA），耐受时间不超过 6ms。

若重合成功后，主支路耐受电流不超过稳态导通负荷电流工况下应力；若重合于故障再次开断，转移支路与耗能支路电流不超过单次开断最大电流。

高压直流断路器快速重合闸工况下电气技术参数仿真波形如图 4 - 12 及图 4 - 13 所示。

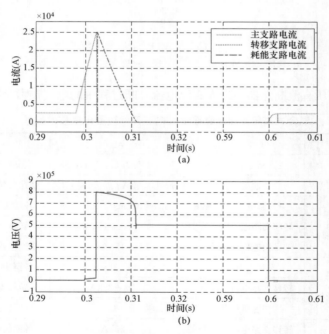

图 4 - 12 重合于非故障下高压直流断路器电压和电流波形

（a）重合于非故障下高压直流断路器各支路电流波形；

（b）重合于非故障下高压直流断路器端电压波形

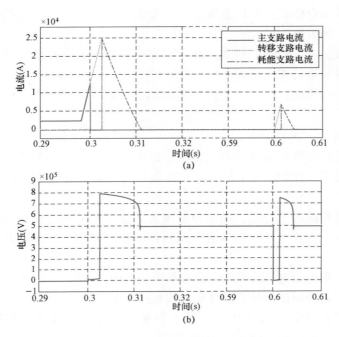

图 4 - 13　重合于故障下高压直流断路器电压和电流波形
（a）重合于故障下高压直流断路器各支路电流波形；
（b）重合于故障下高压直流断路器端电压波形

混合式高压直流断路器在最大直流电流开断过程中的电气技术参数见表 4 - 2。

表 4 - 2　　　　混合式高压直流断路器快速重合闸电气技术参数

工况	项目	电流	电压
重合成功	转移支路电力电子开关	4.5kA/20ms	转移支路通态电压
	快速机械开关	3.3kA	快速机械开关本体压降
	主支路电力电子开关	3.3kA	主支路通态电压
重合于故障再次开断	转移支路电力电子开关	8.5kA/6ms	转移支路通态电压

4.1.3　工作模式与运行能力

1. 工作模式

该混合式高压直流断路器的典型工作模式有如下 5 种。

（1）快分模式：高压直流断路器收到直流系统保护发出的分断指令，在规定时间内完成不同幅值的直流电流分断。

（2）慢分模式：高压直流断路器收到直流系统控制发出的分断指令，在规定时间内完成不同幅值的直流电流分断。

（3）整体关合模式：高压直流断路器收到直流系统发生关合指令，整体导通转移支路实现断路器关合。

（4）分级关合（合闸）模式：高压直流断路器收到直流系统发出的分级关合指令，分级导通转移支路基本单元模块实现关合。

（5）热备用模式：高压直流断路器供能、冷却等辅助系统工作，断路器处于分断状态。

2. 运行能力与限制

高压直流断路器具备耐受额定电流、过负荷电流、各种暂态冲击及短时电流，和分断过程及开断状态下的各种过电压的能力，且能够在 300ms 内实现快速重合闸。

高压直流断路器的控制、保护和监视系统能够保护断路器在各种正常和非正常运行条件下不被损坏。高压直流断路器出现下列情况时将不具备开断电流能力。

（1）主支路电力电子开关中旁路串联模块组超过 3 级（冗余已无）。

（2）主支路快速机械开关故障断口数超过 1 个（冗余已无）。

（3）转移支路电力电子开关任意一个基本单元模块故障子模块超过 3 级（冗余已无）。

（4）高压直流断路器执行 open - close - open 操作等工况后耗能支路 MOV 尚未冷却（冷却时间不超过 3h）。

4.1.4 断路器损耗

高压直流断路器稳态通流时，系统电流经主支路快速机械开关和电力电子开关导通，转移支路不导通电流。快速机械开关阻抗为微欧级别，所产生的损耗可忽略不计。因此，高压直流断路器损耗主要来自主支路电力电子开关通态损耗。

混合式高压直流断路器在不同冗余数量下的总体损耗见表 4 - 3。过负荷工况下达到最大值为 155.52kW；在串联冗余丢失，并联冗余未丢失状态下，断路器运行损耗相对较小，在额定电流运行工况下损耗最小，为 52.8kW。

表 4 - 3 直流断路器损耗

电流工况	3 级 IGBT 模块并联 5 组串联损耗（不含串联冗余）	3 级 IGBT 模块并联 8 组串联损耗（含串联冗余）
额定电流（3kA）	52.80kW	84.48kW
最大连续电流（3.3kA）	60.30kW	96.48kW
过负荷电流（4.5kA/1min）	97.20kW	155.52kW

4.1.5 人工接地试验

2020年6月9日，张北工程四端直流电网全接线工况下，在阜康换流站至延庆换流站直流线路上分别进行了正极人工接地、负极人工接地试验，试验过程严格遵守试验方案，每次试验测量了柔性直流换流站直流极线出线的瞬态电压电流以及断路器各个支路的电流。人工接地试验时现场实测的高压直流断路器分断波形如图4-14所示，可以看出高压直流断路器的动作时序与预期结果一致，均实现了断路器正确分断、换流阀保持正常运行的状态，其中正极短路时分断的电流峰值为2928A，负极短路时分断的电流峰值为2727A，高压直流断路器可在3ms内完成直流分断。

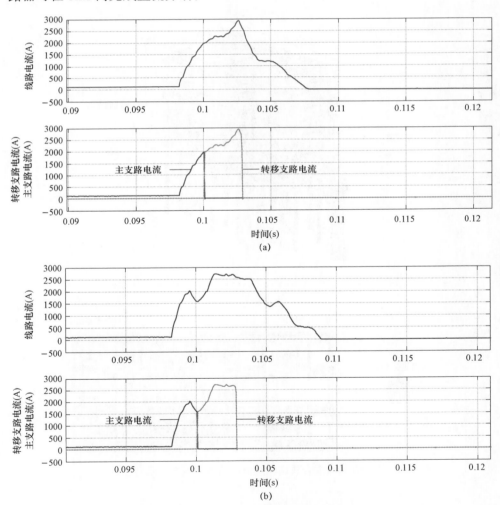

图4-14 混合式高压直流断路器人工接地试验波形

（a）正极接地分断波形；（b）负极接地分断波形

4.2 混合式高压直流断路器结构及组件参数

4.2.1 阀塔结构集成简介

混合式高压直流断路器阀塔依照功能模块，分别包括了主支路阀组件、转移支路阀组件、快速机械开关组、耗能支路 MOV 组、光 TA、通流母排、冷却水管、均压屏蔽结构件漏水检测装置、供能系统组件、阀塔支架、光缆/纤及附属支撑件等，采用模块化、分层、分功能区域的思路实现支撑式双列阀塔结构集成设计，如图 4-15、图 4-16 及图 4-17 所示。

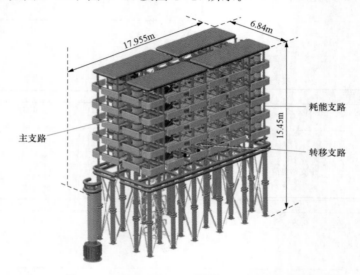

图 4-15 混合式高压直流断路器整体效果图

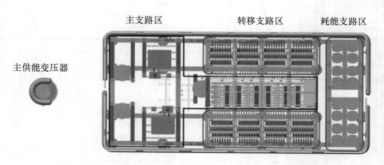

图 4-16 混合式高压直流断路器平面布置示意图

该混合式高压直流断路器阀塔采用模块化、分功能区域的设计方式，进行平台布置，阀塔结构简单合理，利于现场的安装及日后的运维检修。

阀塔主体支撑框架由复合支柱绝缘子、钢制横梁和 C 型高强度绝缘梁组成基本承力框架，结构坚固稳定。底部支撑绝缘子之间通过高电位钢构件连接为整体结构。在满足一定抗震能力的前提下，减少绝缘子数量，节约绝缘成本，利于阀支架电极及电场分布优化。同时为加强高压直流断路器阀塔层间抗震能力，在两列塔间增加斜拉加强绝缘杆。

图 4-17　混合式高压直流断路器实拍图

4.2.2　快速机械开关组件结构及参数

快速机械开关 10 个断口以双列形式布置于高压直流断路器两侧，如图 4-18 所示，每台快速机械开关对应配置 1 台层间供能变压器。供能隔离变压器邻近布置于快速机械开关平台。10 个机械开关断口之间通过铜排呈"N"型连接。此种布置形式可以降低上下层开关之间的电压，同时由于空间布置的对称性，有利于杂散参数及电压分布的均匀性。

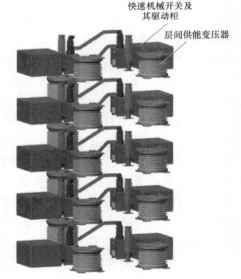

图 4-18　快速机械开关平台布置图

快速机械开关是混合式高压直流断路器的核心设备，正常合闸运行中耐受负荷电流 3000A，线路故障发生时，快速机械开关要在极短的时间内提供足够的绝缘开距，耐受最高 920kV 暂态恢复电压，此分断过程中无电压电流，故快速机械开关的快速分断耐压能力对断路器能否成功切除故障起到决定性作用。

传统开关驱动机构难以达到毫秒级动作时间，混合式高压直流断路器快速机械开关采用了新型电磁斥力驱动机构。在较短的分断时间内使得快速机械开关建立的断口开距较小，真空间隙具有较高的耐压水平，单个真空断口难以承受如此高的暂态恢复电压，因此通过真空多断口串联均压实现。

快速机械开关的主回路、驱动机构、控制监控单元、配合驱动机构动作的放电回路和电容充电系统均放置于直流 500kV 高电位平台，通过支撑绝缘子、隔离变压器设计达到对地绝缘要求，整体结构如图 4-19 所示，10 个快速机械开关断口串联均压，其中 1 个冗余断口。

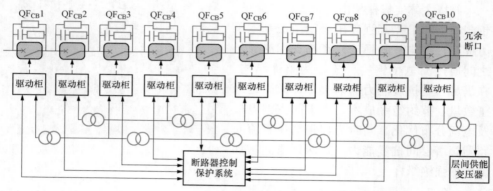

图 4-19　主支路快速机械开关整体结构

1. 单断口组件

针对高电压等级快速机械开关应用目前多采用多断口串联技术，降低单个断口的耐压要求，减小单个断口的运动行程，从而显著缩短快速机械开关的动态绝缘建立时间和分闸时间，降低高压直流断路器的整体分断时间。

混合式高压直流断路器采用 10 个快速机械开关单断口组件串联均压，其中 1 个断口冗余。单个断口额定直流电压为 60kV。为提高控制保护系统可靠性，每台快速机械开关单断口组件配置两台独立的快速机械开关控制器和两路独立的储能电容充电电源，每台快速机械开关控制器具有两路光纤收发接口，实现与断路器控制保护系统双向高速通信。两台快速机械开关控制器和储能电容充电电源互为冗余，当一台控制器或储能电容充电电源发生故障时，快速机械开关的电磁斥力机构仍可完成合分闸操作。单个快速机械开关断口组件外观如图 4-20 所示。

快速机械开关整体布置于高压直流断路器阀塔内部，每层阀塔平台布置两台快速机械开关组件，每台组件配以供能隔离变压器，快速机械开关本体外有明确的分合闸机械指示。

图 4-20　额定 60kV 快速机械开关组件外观图

快速机械开关选用的真空灭弧室结构如图 4-21（a）所示。从上到下依次为静触头端盖、静触头、动触头、波纹管、动触头导电杆、动触头端盖和屏蔽罩，真空灭弧室外壳为瓷套。真空灭弧室动触头的瞬时操作速度可达 10m/s 以上，是常规交流开关的 10 倍左右，对动触头的材料、内部结构强度要求较高。

固封极柱是在真空灭弧室外面覆盖一层环氧树脂，兼顾绝缘和机械支撑作用，缩小了快速机械开关的零部件和体积，使得开关集成模块化、易安装、免维护、体积小、耐压稳定。固封极柱采用环氧树脂自动压力凝胶成型工艺将真空灭弧室和上、下出线基座等载流元件封装成一个整体，选用性能优异的环氧树脂，保证了机械、电气和耐热老化等性能，同时具有真空密封性能好、绝缘性能可靠、耐高低温和高机械冲击性能等优点。固封极柱结构如图 4-21（b）所示。

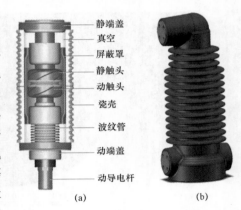

静端盖
真空
屏蔽罩
静触头
动触头
瓷壳
波纹管
动端盖
动导电杆

(a)   (b)

图 4-21　真空灭弧室及固封极柱结构示意图
(a) 真空灭弧室；(b) 固封极柱

通过对固封极柱进行绝缘优化设计，提高了快速机械开关绝缘特性，使其绝缘水平和局放水平满足工程应用要求，考虑极柱上端法兰和下端出线间的空气净距和爬电距离，固封极柱的空气净距大于 370mm，爬电比距大于 16mm/kV，固封极柱的局放水平小于 1pC。

2. 操动机构

快速机械开关采用电磁斥力机构完成快速分、合闸操作，电磁斥力驱动机构工作原理如图 4-22 所示。通过预充电的储能电容器 C 向分闸或合闸线圈放电产生持续几毫秒的脉冲电流，金属盘中因感应涡流而受到电磁斥力作用，从而带动连杆运动，实现快速机械开关的合闸或分闸操作。

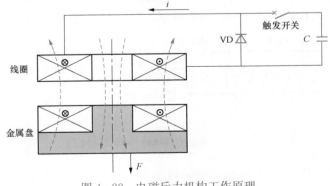

i
VD
触发开关
C
线圈
金属盘
F

图 4-22　电磁斥力机构工作原理

斥力线圈的匝数对其电阻和电感有着很大的影响,斥力盘的尺寸、厚度、储能电容容量、充电电压等都影响斥力机构的动作特性。图4-23为对线圈进行的温度场耦合仿真,储能电容放电过程中线圈散热良好。

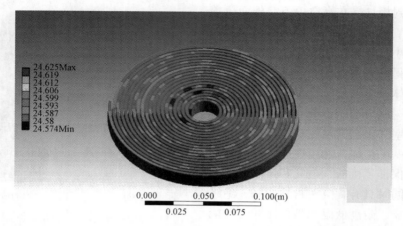

图4-23 线圈温度场耦合仿真

3. 保持机构

快速机械开关在合闸状态时,保持机构提供有效合闸位置保持力,同时克服触头弹簧反作用力,防止动、静触头受到外界因素作用(特别是系统短路产生的电动力)下出现的自动误分闸,同时提供有效触头压力减少动静触头间的接触电阻。分闸状态时,提供使触头稳定在分闸状态的分闸保持力。

快速机械开关采用双稳态弹簧保持装置。双稳态弹簧保持装置由两个柱状弹簧和弹簧套筒以及连接杆组成,如图4-24所示。当快速机械开关在合闸位时,由于弹簧的压力和触头的限位,开关保持在了o位置。当执行分闸操作时,在o-a过程中双稳弹簧保持装置是起阻力作用,而a-b过程则为分闸提供作用力,整个过程受力均为非线性,在分闸位进行合闸操作时则与之相反。双稳态弹簧保持机构具有运动质量小、结构简单、体积小和设计加工成熟等优点。

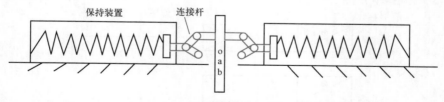

图4-24 双稳态弹簧保持装置结构图

根据额定电流3000A和额定短时峰值耐受电流25kA要求,采用的双稳态弹簧保持机构。

（1）在合闸位置时，双稳态弹簧保持机构能够提供真空灭弧室所需要的额定触头压力 3200±200N；

（2）从合闸位置运动到达分闸位置后，双稳态弹簧保持机构提供大于2000N 的分闸保持力，同时可有效降低分闸反弹。

4. 缓冲机构

快速机械开关的动作速度较高，若没有有效的缓冲装置，会导致分闸回弹振荡，造成快速机械开关无法快速承受高耐压，分闸无法可靠保持而导致分闸失败，强烈撞击造成真空灭弧室波纹管等部件的损坏。根据快速机械开关电磁斥力机构分闸的特点，该快速机械开关采用液压油缓冲器，可适应快速机械开关触头的高速碰撞，保证其可靠缓冲。图 4-25 为液压油缓冲器缓冲特性曲线。

5. 驱动系统

快速机械开关单断口组件驱动系统原理如图 4-26 所示，包括开关控制器，隔离供能电源，电容充电电源，电容触发放电电路和开关位置传感器等。

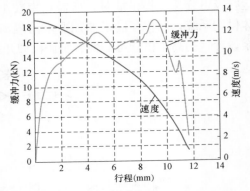

图 4-25 液压油缓冲器缓冲特性曲线

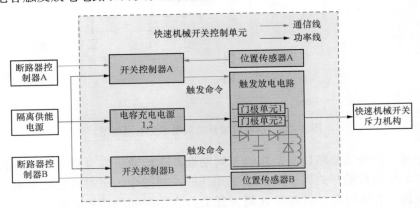

图 4-26 快速机械开关单断口驱动系统原理图

驱动系统位于高电位平台，满足与快速机械开关本体同样的对地绝缘要求。快速机械开关单断口组件驱动系统具备以下功能。

（1）接收并解析高压直流断路器控制保护系统的分、合闸命令，对开关控制单元进行触发，完成快速分、合闸操作。

（2）分、合闸控制过程中对触头运动位置及动作时间的监测。

（3）储能电容储能状态的实时监控。

（4）与高压直流断路器控制保护系统进行双向实时通信，将快速机械开关单断口组件的开关状态及储能状态的监控信息实时发送给断路器控制保护系统。

快速机械开关通过平台间的隔离供能变压器提供能量，快速机械开关对功率要求变化较大，储能电容充电时所需功率较大，充电完毕后，仅需为控制器运行及电容浮充提供能量，所需功率较小，通过功率计算、试验分析，结合整体供能系统，制作了满足储能要求的隔离供能变压器。电容充电电源采用双冗余设计，提高了供能可靠性。快速机械开关双电源充电原理如图4-27所示。

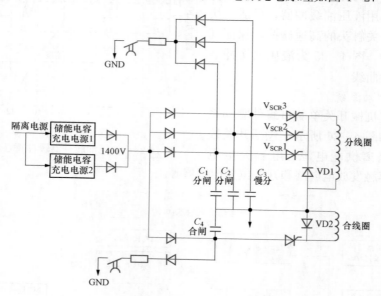

图4-27　快速机械开关双电源充电原理图

快速机械开关单断口间动作的不同期性，除操动机构自身引起的分合闸不同步外，快速机械开关每个断口接受并处理控制指令的延时也直接影响串联断口之间的分合闸时间。针对快速机械开关分合闸时间的快速要求，每个快速机械开关断口采用微秒级控制策略，使每个快速机械开关断口接受和处理控制指令的时间延时误差达到微秒级。

6. 多断口均压

对于每个快速机械开关断口，由于动触头、静触头、屏蔽罩和大地之间存在杂散电容，当快速机械开关分闸后，其两端所承受的暂态恢复电压会由断口间的杂散电容进行分配，导致断口间的动态电压分配不均匀。图 4 - 28 所示为串联快速机械开关杂散电容以及动态电压分布。

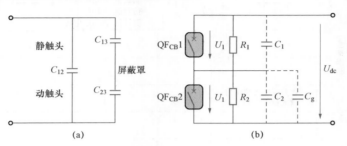

图 4 - 28　串联快速机械开关杂散电容及动态电压分布
（a）机械开关杂散电容；（b）两个串联机械开关静态电压分布

如图 4 - 28 所示，当转移支路电力电子器件闭锁后，系统的暂态恢复电压会同时作用于快速机械开关两端，10 个断口对地都存在杂散电容，暂态恢复电压通过杂散电容使得每个断口的电压分配不均匀，可能导致分压较高的断口绝缘击穿。

当快速机械开关处于分闸状态时，系统直流耐受电压作用于开关两端。由于每个断口存在泄漏电流（通常泄漏电流小于 $100\mu A$），故配置了绝缘电阻，则此时快速机械开关的直流耐受电压分布主要由断口绝缘电阻决定，并针对断口间绝缘电阻的不一致性进行静态均压设计。

为实现 10 断口串联的快速机械开关断口间动态均压和静态均压，需对每个机械开关配置阻容均压装置，阻容均压装置的电路原理如图 4 - 29 所示。

考虑快速重合闸、高压直流断路器分断过程中绝缘要求以及电阻功率选型等因素，确定快速机械开关阻容均压装置的电气参数为电容 $C_g = 5000\mathrm{pF}$，阻尼电阻 $R_1 = 200\Omega$，并联电阻 $R_p = 200\mathrm{M}\Omega$。此均压装置兼顾了动态均压特性、操作及雷电冲击均压特性、直流耐压均压特性。仿真与实测结果如图 4 - 30 所示。

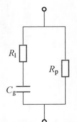

图 4 - 29　阻容均压装置
电路原理图

4.2.3　主支路电力电子开关组件结构及参数

1. 整体结构

主支路电力电子开关组件直接布置于高电位钢盘上，位于快速机械开关下方，水平高度低于转移支路半导体组件，可以有效避免因漏水等原因导致主支路与转移支路之间产生影响，主支路电力电子开关组件布置及整体结构如图 4 - 31 及图 4 - 32 所示。

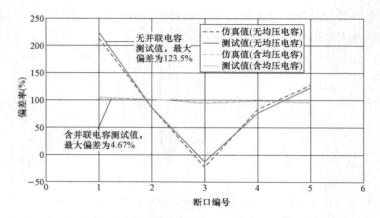

图 4 - 30　阻容均压装置仿真与实测结果

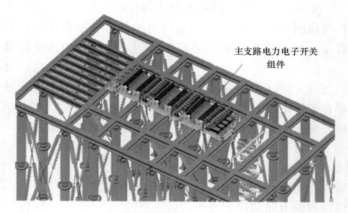

图 4 - 31　主支路电力电子开关组件布置示意图

图 4 - 32　主支路电力电子开关组件整体结构

　　主支路电力电子开关组件采用 IGBT 串并联的拓扑结构，如图 4 - 33 所示。IGBT 阀组采用紧凑化大组件压装形式。每个阀组为 8 级 IGBT 子模块串联，通过 3 组阀组并联实现整体功能。

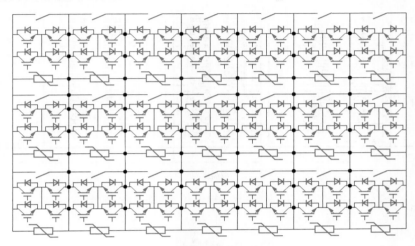

图 4 - 33　3 并 8 串矩阵式结构

IGBT 采用一体化串联结构压装，强迫水冷，以保证 IGBT 正常工作及暂态工作结温不超过规定温度。

高压直流断路器阀塔底部直接与现场基础通过预埋螺栓进行连接。光纤通过阀支架光纤槽直接连接至底部基础沟道，水管通过 PVDF 绝缘管路与底部水冷法兰连接，如图 4 - 34 所示。

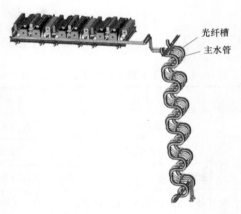

图 4 - 34　主支路电子电子开关组件水冷管道

图 4 - 35 为水路示意图，主支路采用全并联水路形式，以保证各级 IGBT 间结温一致性。主支路也是高压直流断路器阀塔中唯一需要强迫水冷却的组件。

2. 主支路 IGBT

主支路 IGBT 采用通流能力强、热容量大的 4.5kV/3kA 压接型器件，如图 4 - 36 所示。

（1）相关电流参数。

主支路 IGBT 需承受额定电流 3kA、最大连续直流电流 3.3kA、过负荷电流 4.5kA（1min）以及最大暂态耐受电流 25kA（8.5s）。主支路采用 3 级 IGBT 阀组并联结构 IGBT，其 IGBT 结温计算结果见表 4 - 4。

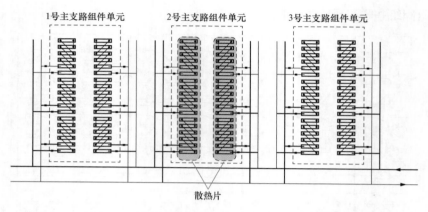

图 4 - 35　主支路电力电子开关组件水路示意图

图 4 - 36　4.5kV/3kA 压接型 IGBT

表 4 - 4　　　主支路 IGBT 结温计算结果（IGBT 最大允许结温为 125℃）

项目名称	系统需求	器件结温（℃）	结温裕度（℃）
最大连续电流	3.3kA/长时	51	74
过负荷电流	4.5kA/1min	56	69
短时冲击电流（含关断）	15kA/5ms	61	64
短时耐受电流（旁路开关不闭合）	25kA/8.5s	97	28
短时耐受电流（旁路开关闭合）	25kA/8.5s	70	55

　　表 4 - 4 计算结果所示，主支路电力电子开关 IGBT 可满足所有工况下的结温不超过器件安全运行结温，配合旁路机械开关动作时其结温裕度更高，可靠性更好。

　　（2）相关电压参数。

　　主支路 IGBT 在重合闸过程中的电压、电流仿真波形如图 4 - 37 所示。可以看出，IGBT 在分合过程中最高电压为 3200V，4.5kV/3kA 的 IGBT 电压利用率为 71%，有一定的电压裕量。

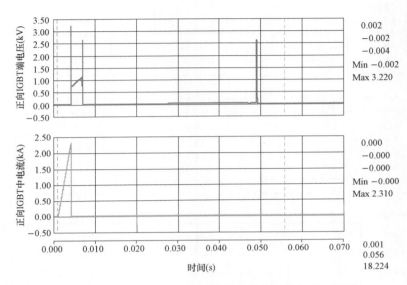

图 4 - 37　4.5kV/3kA 压接型 IGBT 电压、电流仿真波形

3. IGBT 阀组避雷器

主支路电力电子开关子模块采用并联避雷器设计，在高压直流断路器关断过程中，可以保证主支路电流完成快速转移，以及实现子模块间良好的动态均压。

IGBT 阀组过压抑制主要取决于避雷器操作冲击电流下的最大残压，所选用避雷器其操作冲击电流下的最大残压为 3.5kV/5kA，可以保证在各种恶劣工况下模块电压不超过 3.5kV。

在电流转移时间方面，与采用电容缓冲的方案相比，换流时间由数百微秒缩短至数十微秒，大幅降低了换流时间，在 0～25kA 电流范围内，均可使高压直流断路器快速分断时间小于 3ms，并降低了主支路 IGBT 上的电压、电流及能耗，提升了电力电子开关的可靠性和寿命。

IGBT 阀组避雷器在重合闸过程中的电压仿真波形、电流仿真波形、能耗仿真波形如图 4 - 38 所示。从图中可以看出，子模块避雷器最高暂态电压 3200V，最大电流 600A，避雷器能耗 47J。

IGBT 阀组避雷器的电气参数见表 4 - 5，各项电气参数满足主支路电力电子开关在转移电流过程中子模块过压抑制要求，并有较大裕量。

107

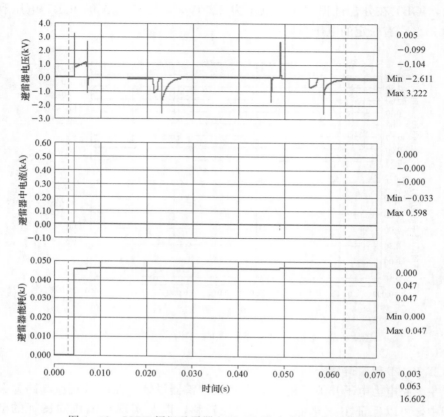

图 4 - 38　IGBT 阀组避雷器电压、电流应力和能耗仿真波形

表 4 - 5　　　　　　　　　　IGBT 阀组避雷器电气参数表

序号	项目	参数	单位
1	避雷器额定电压	2.45	kV
2	直流 1mA 参考电压	2.45	kV
3	操作冲击电流下的最大残压	3.5/5	kV/kA
4	4/10μs 大电流冲击耐受电流值	100×2	kA
5	2ms 方波耐受电流	2000/柱	A
6	能量吸收能力	≥65	kJ
7	并联柱数	2	柱
8	柱间电流分布不均匀系数	≤1.05	—

4. IGBT 阀组旁路开关

主支路电力电子开关每个子模块两端配置一个旁路开关，作用如下。

（1）高压直流断路器拒动或主支路无法长时间通流工况下，将主支路 IGBT 阀组旁路。

（2）并联的 1 个 IGBT 阀组故障时，三个 IGBT 阀组旁路开关均直接旁路。

主支路旁路开关额定电流 1.6kAdc，额定电压 3.6kVdc，旁路开关动作时间小于 5ms。如一个旁路开关拒动，另外两个仍能满足长期额定电流工作；若 2 个旁路开关拒动，高压直流断路器则需向直流控制保护系统请求自分断跳闸。

4.2.4　转移支路电力电子开关组件

1. 整体结构

转移支路采用大组件压装结构，转移支路阀塔共有 5 个阀层，每层阀层具有完全相同的结构，每个阀层又由 8 个阀段串联组成。如图 4 - 39 及图 4 - 40 所示。

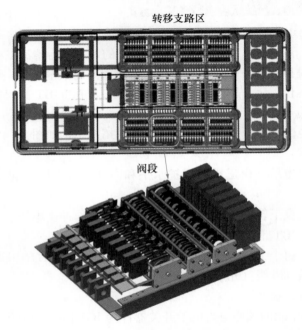

图 4 - 39　转移支路阀段示意图

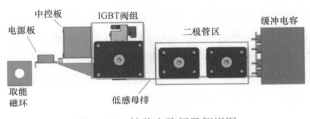

图 4 - 40　转移支路阀段侧视图

转移支路的器件压装单元共 3 组，分别为 IGBT 阀组 1 组，通流二极管桥 1 组，缓冲电容二极管 1 组。3 组压装单元呈平面布置，清晰简洁，易于观察维护。

转移支路 IGBT 阀组采用紧凑化大组件压装结构形式，每组 IGBT 压装单元由 8 级 IGBT 压装组成，除 IGBT 外，压装单元还包括薄散热板绝缘隔离板等，如图 4 - 41 所示。

图 4 - 41　转移支路 IGBT 压装单元组件图

二极管桥与电容器之间通过低感母排连接，降低了因通流回路带来的杂散电感，同时也将电流转移过程中产生的电磁骚扰降至较低的水平。

相邻两个 IGBT 依照拓扑结构为相互并联关系。每个压装单元中的 IGBT 为整流二极管，阻容元件之间采用低感叠排连接，保证了压装单元通流回路的杂散参数一致，为 IGBT 间暂态均流特性提供保障，同时抑制了由于故障电流在 IGBT 阀组内部转移而产生的暂态电磁环境干扰。

转移支路电力电子开关为多个 IGBT 串联拓扑结构如图 4 - 42 所示，串联级数考虑如下因素：

（1）暂态过电压（由避雷器保护水平和内部杂散电感引起的感应电压共同决定）；

（2）各种工况下转移支路端对端直流电压、操作冲击电压、雷电冲击电压；

（3）保证 IGBT 最高使用电压不超过 3.6kV。

综上所述，每个 100kV IGBT 阀组内部均由 64 级 IGBT 串联，含 6 级冗余，整个转移支路共 320 级（冗余度 10%）。

2. IGBT 与二极管

IGBT 压装单元的核心电力电子开关器件为 IGBT 和二极管，该混合式高压直流断路器转移支路采用 4.5kV/3kA 的压接型 IGBT，转移支路导通 3.6ms 并关断 25kA 方波电流（由两只 IGBT 并联，1.1 倍不均流系数）的结温如图 4 - 43 所示，初始结温为环境温度 50℃，关断后的最高结温为 108℃，结温裕度 17℃。

转移支路 IGBT 在分闸过程中的电压电流仿真波形如图 4 - 44 所示。可以看出，不含冗余时 IGBT 在分闸过程中最高电压为 3305V，含冗余时 IGBT 在分闸过程中最高电压为 3043V。IGBT 的电压利用率在不含冗余时为 73.5%，含冗余时为 67.6%，满足一定的电压裕量。

第
4
章

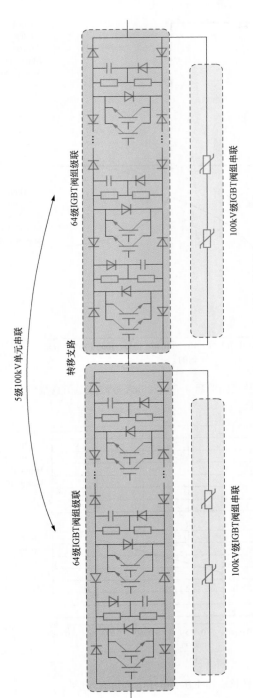

图 4-42　转移支路电力电子开关拓扑结构

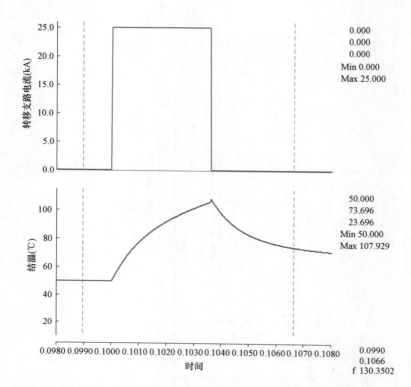

图 4 - 43　转移支路关断 3.6ms/25kA 方波结温仿真波形

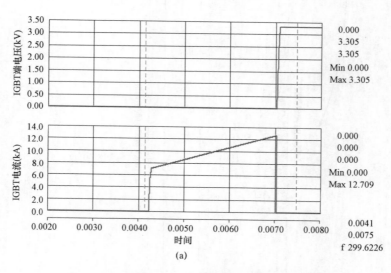

(a)

图 4 - 44　转移支路 IGBT 电压电流仿真波形（一）

（a）不含冗余（290 级 IGBT 模块串联）转移支路 IGBT 电压电流

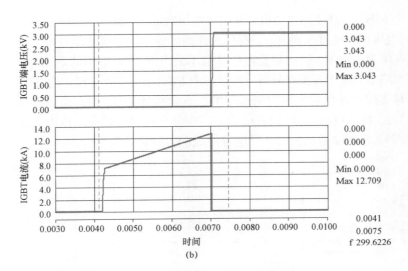

0.000
3.043
3.043
Min 0.000
Max 3.043

0.000
0.000
0.000
Min 0.000
Max 12.709

0.0041
0.0075
f 299.6226

图 4-44　转移支路 IGBT 电压电流仿真波形（二）

（b）含冗余（320 级 IGBT 模块串联）转移支路 IGBT 电压电流

　　该转移支路通过 IGBT 及二极管的组合，实现了转移支路的双向电流流通及双向电流关断，其结构特点决定了二极管在转移支路关断后承受的电压约为 IG-BT 的 2 倍，同时考虑二极管的大电流浪涌耐受能力、快速恢复及耐受反向恢复电压能力及故障后失效模式问题，综合考虑转移支路采用 9kV/3kA 的快恢复压接式二极管。

　　3. 子模块电容

　　如图 4-45 所示，子模块电容器主要的作用如下。

　　（1）抑制 IGBT 关断时的 CE 端峰值电压，实现 IGBT 软关断，降低关断损耗，进而降低器件使用温升。

　　（2）实现串联模块间电压均衡。

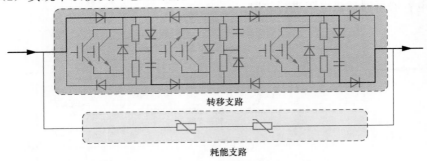

图 4-45　模块电容动态均压原理图

单个 IGBT 最高使用电压由模块电容电压决定，考虑 1.05 倍的不均压系数后，IGBT 的电压不宜超过 3.6kV，选择防火性能好的干式金属薄膜自愈式电容器，电容额定电压为 3.6kV（暂态耐受电压峰值不低于 5kV），容值选定 $350\mu F$。可以满足转移支路电力电子开关在分断电流过程中 IGBT 压装单元动态均压要求。

转移支路缓冲电容在重合闸过程中，不含冗余 IGBT 时，电容电压、电流仿真波形如图 4-46 所示。可以看出，电容在分合过程中最高电压为 3.305kV，选择 3.6kV 电容能够满足要求，且电容过载能力较强，裕度较大。

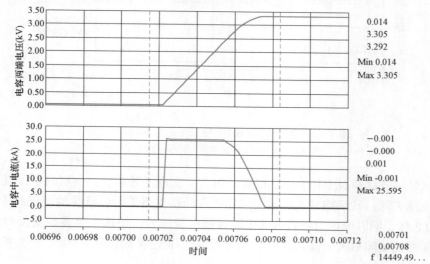

图 4-46 转移支路缓冲电容电压、电流仿真波形

4. 放电电阻与阻尼电阻

IGBT 压装单元放电电阻工作原理如图 4-47 所示。其作用如下。

（1）高压直流断路器断态工况下，实现串联子单元模块间静态均压。

（2）高压直流断路器完成开断后，模块电容维持开断过程中产生的电压，模块电容器可通过该电阻进行放电。

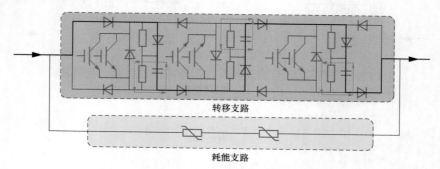

图 4-47 放电电阻 R_c 静态均压和放电原理图

放电电阻可选择厚膜功率电阻，电阻阻值选定为 $200\text{k}\Omega$，放电时间小于 5min。

子单元模块中阻尼电阻的作用为在高压直流断路器快速重合闸的工况下实现子单元电容器快速放电。

高压直流断路器单次开断后，快速重合，模块开通后电容需快速放电，阻尼电阻设计需考虑放电电流的峰值、放电时间以及放电回路振荡抑制等因素，其放电原理如图 4-48 所示。

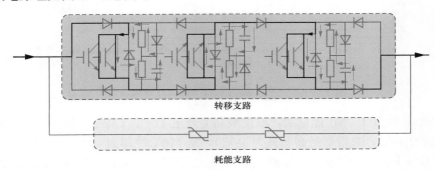

图 4-48　阻尼电阻放电原理图

综上，阻尼电阻选用碳复合高能电阻，电阻阻值选为 2Ω，模块导通后电容电压可在 2.5ms 内由 3.6kV 下降至零，放电电流峰值不超过 1.8kA。

4.2.5　耗能支路 MOV 组件及参数

耗能支路 MOV 以大组件"塔"的形式布置于转移支路另一侧，分左右两列共 10 层布置，如图 4-49 所示。每组避雷器单元安装在绝缘框架内，更换方便。耗能支路 MOV 与转移支路支撑框架之间通过高强度大截面拉压杆连接，保证阀塔整体结构强度。

高压直流断路器耗能支路 MOV，主要用于抑制断路器分断暂态电压及吸收系统感性元件储存能量，MOV 采用 10 组避雷器单元，任意一组基本单元故障失效，剩余 9 组单元具备正常开断和重合吸收能量的能力，断路器整体能够正常分断，如图 4-50 所示。

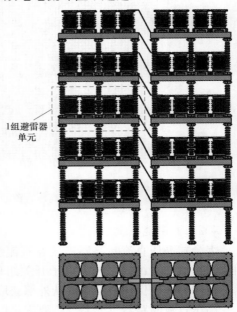

图 4-49　耗能支路 MOV 组件布局

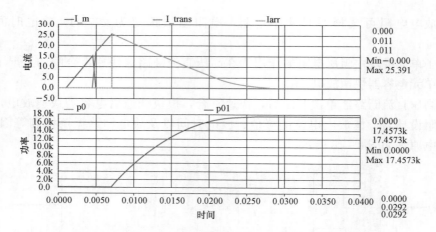

图 4 - 50　MOV 1 组失效后断路器开断电流波形

　　MOV 吸收 150MJ 能量后，温度最高上升至 118℃（高压直流断路器设备区最高温度 45℃，避雷器最高温升为 63℃），从 118℃冷却到 60℃（避雷器需冷却到 60℃以下，才能再次承受断路器分断）大约需要 150min。避雷器散热曲线如图 4 - 51 所示。

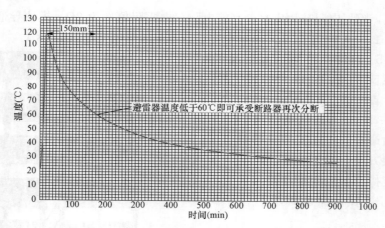

图 4 - 51　高压直流断路器避雷器散热曲线

4.2.6　供能系统

　　混合式高压直流断路器串接在直流线路中，由大量电力电子开关组件和多组快速机械开关组成。电力电子开关组件控制保护板卡、快速机械开关的电磁斥力机构和控制保护板卡需要从外部获取电能才维持正常工作。

　　高压直流断路器供能系统需要满足以下要求。

　　（1）满足不同运行工况下的负载单元的功率需求，以及在负载波动工况下稳定供能；

（2）高压直流断路器合闸时，断路器整体处于 500kV 直流线路高电位上，因此供能系统需耐受直流线路对地电压，包括额定直流电压 500kV、额定操作冲击耐受电压 1175kV 和雷电冲击耐受电压 1425kV；

（3）高压直流断路器分闸过程中，首末两端耐受断路器暂态分断电压，其峰值为耗能支路 MOV 保护残压，即 800kV；断路器分闸完成后，首末两端耐受额定直流电压 500kV，供能系统需满足不同支路间、同一支路内部各级联组件、各模块单元等分布式电位隔离需求。

1. 整体结构及布局

该混合式直流断路器供能系统采用工频电磁供能方案，采用一台 500kV 高压隔离变压器作为主供能变压器，放置在阀塔旁边，层间隔离变压器位于阀塔内部，放置在每一层，整体布置如图 4 - 52 所示。

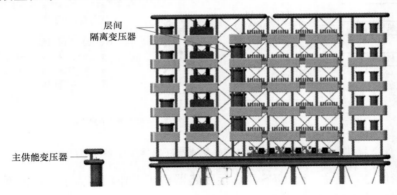

图 4 - 52　供能系统断面布置示意图

500kV 混合式高压直流断路器供能系统电气结构如图 4 - 53 所示，具体说明如下。

（1）底部采用单级 SF_6 气体绝缘 500kV 高压直流隔离供能变压器，断路器阀塔中主支路和转移支路分开供能。

（2）主支路快速机械开关断口采用两列层间隔离变压器 10 级分层隔离供能，每一层暂态电压最大为 90kV 性能。

（3）转移支路每一层 64 级半导体组件负载回路中，采用 80kV 绝缘电缆和供能磁环复合供能，实现不同电位负载隔离要求，电缆线芯固定在该层中间点，暂态电压减半至 80kV。

为了保证整个供能系统可靠的电源输入，站用电采用双母线接入，通过不间断电源 UPS 主机柜和蓄电池配合，实现供能系统前级电源输入的冗余，UPS

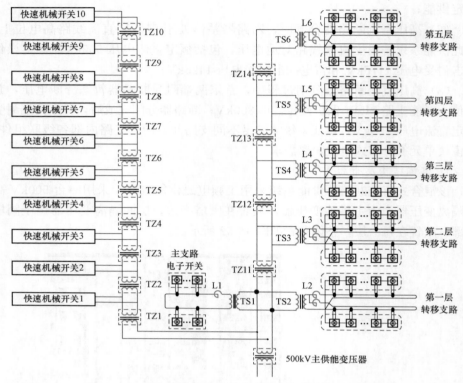

图 4-53　500kV 混合式高压直流断路器供能系统电路图

并机冗余供电，任意一台 UPS 均满足断路器整机工作功率需求，供能系统电源接入电路如图 4-54 所示。

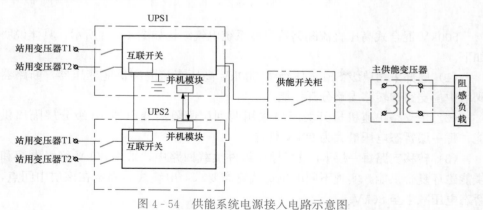

图 4-54　供能系统电源接入电路示意图

2. 主支路快速机械开关供能方案

主支路每一台快速机械开关单独采用一台层间隔离变压器获取能量，任何一级快速机械开关断口失效或供能变压器绝缘失效，供能系统及高压直流断路器均正常工作，保证冗余设计的可用性及设备运行可靠性。

快速机械开关电磁斥力操动机构中含有储能电容。供能装置需为储能电容充电，充电瞬间，电容处于短路状态，此时供能瞬间功率最大，随着电容电压上升，供能装置提供的功率逐渐下降，直至电容电压达到预设值，停止充电。此充电过程中，单个快速机械开关断口储能电容充电平均功率为 300W，主支路快速机械开关共 10 个断口，总功率为 3000W。

10 个快速机械开关断口分布在 5 层塔内部，按照电位和位置分布关系，每一个断口采用一台层间隔离变压器供能，同时上下层断口间的电位差通过此层间隔离变压器隔离。主支路快速机械开关供能原理图如图 4 - 55 所示。

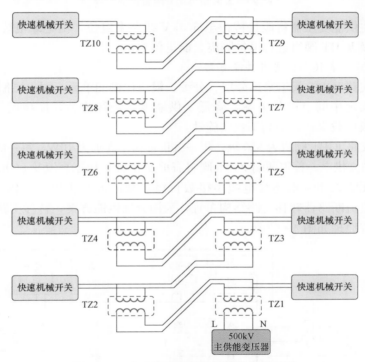

图 4 - 55　主支路快速机械开关供能原理图

通过主供能变压器将能量传输至 500kV 高电位，由层间隔离变压器 TZ1～TZ10 为每一层开关断口进行电位隔离，能量传输。

3. 主支路 IGBT 模块供能方案

主支路 IGBT 模块共 24 级，每级功率 10W，每一级与每一级间存在电位差，供能系统采用绝缘电缆和供能磁环复合电磁供能，将能量传输至每一级 IGBT 阀组，并实现电位隔离。主支路 IGBT 阀组供能系统原理如图 4 - 56 所示。

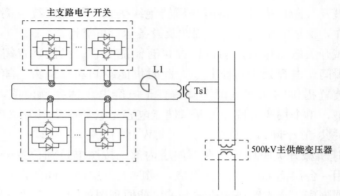

图 4-56　主支路 IGBT 阀组供能原理图

通过主供能变压器将能量传输至 500kV 线路高电位，由绝缘电缆和供能磁环对每一级 IGBT 阀组进行电位隔离，能量传输。

4. 转移支路 IGBT 阀组供能方案

转移支路 IGBT 阀组采用分层、分级、模块化供能单元，同一层回路中绝缘电缆采用固定中间点电位方案，降低了供能设备绝缘应力，提高运行可靠性，解列数百级负载串联，提高工程实施性。

转移支路 IGBT 阀组为 320 级，每一级正常功率需求为 10W，每一级 IGBT 阀组均需要独立供电，首末两端 IGBT 阀组需承受 500kV 稳态直流及 800kV 暂态分断电压，无法采用一根绝缘电缆串接数百级负载的方案实现隔离供能，因此，结合高压直流断路器转移支路结构布置，采用分层供能方案，转移支路 IGBT 阀组供能系统原理如图 4-57 所示。

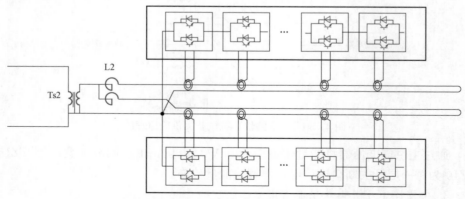

图 4-57　转移支路 IGBT 阀组供能原理图

通过主供能变压器将能量传输至 500kV 高电位，由层间隔离变压器对每一层转移支路 IGBT 阀组进行电位隔离，而每一层转移支路 IGBT 阀组级间通过绝缘电缆和供能磁环进行隔离。

5. 后备电源方案

后备电源接入方案遵循以下原则。

（1）满足高压直流断路器整机工作功率需求。

（2）两路站用电，任一路失效，另一路可保证供能系统稳定可靠运行。

（3）两路站用电均失效，可保证供能系统运行1h。

采用不间断电源UPS与蓄电池组合作为后备保护电源，选择并联设计方案，其与负载接线方式如图4-58所示。

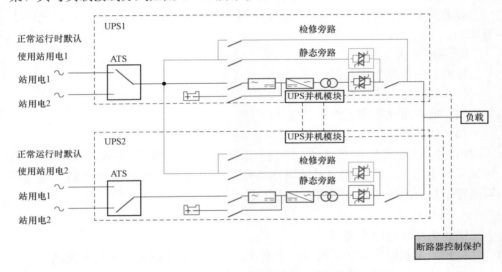

图4-58　不间断电源UPS与负载接线方式

不间断电源UPS工作模式如下。

（1）正常运行：UPS1主支路接站用电1，UPS2主支路接站用电2，两路UPS并联供电，各承担50%负荷，因同步性产生的环流控制在1%。

（2）1套UPS故障：当UPS1（或UPS2）故障时，其主机闭锁退出，另一套UPS主支路承担100%负荷，并可长期在此状态下运行。

（3）2套UPS故障：当UPS2（或UPS1）也发生故障时，两条主支路均闭锁退出，切换至两路静态旁路并联供电，并可长期在此状态下运行，切换时间在1ms以内。

（4）UPS检修：负载切换至检修旁路后主支路闭锁退出，由检修旁路向负载供电。

6. 500kV主供能变压器

对地500kV主供能变压器满足以下要求。

（1）高压直流断路器整机工作功率需求。

（2）能够承受直流线路对地绝缘电压，包括直流电压 500kV、额定操作冲击耐受电压 1175kV 和雷电冲击耐受电压 1425kV。

（3）能够稳定可靠传输能量。

对地隔离供能采用单级 SF_6 气体绝缘变压器。其主要包括输入绕组、输出绕组、铁芯、高压引出线及复合套管。输出输入绕组间的主绝缘采用 SF_6 气体，变压器主体放置在变压器箱体中，高压侧出线端子通过绝缘套管引出，变压器箱与套管内充满 SF_6 气体增强绝缘能力。

对地 500kV 高压直流隔离供能变压器容量 10kVA，总高度 6.9m，重量小于 3.6t。

7. 层间隔离变压器

层间隔离变压器满足以下要求。

（1）能够相对应负载功率需求。

（2）能够承受不同层级负载电压应力。

（3）能够稳定可靠传输能量。

由于层间隔离变压器一、二次绕组之间承受的额定 100kV 直流电压及 160kV 暂态电压，其方案与对地隔离供能变压器相同。结合结构布局，将变压器放置于复合套管中，套管内充 SF_6 气体。

8. 供能磁环

供能磁环满足以下要求。

（1）满足对应级 IGBT 阀组功率需求，适应负载不同工况下功率波动。

（2）能够使不同 IGBT 阀组电位隔离。

（3）可以稳定可靠传输能量。

供能磁环与负载直接连接，其性能直接影响了供能系统的输出能力。

IGBT 阀组与供能磁环逐一对应，供能磁环输出功率 10W，每一个供能磁环与对应的 IGBT 阀组等电位，因此每个供能磁环之间的电位差是一级 IGBT 阀组的最大电压 4.5kV。其结构布置与 IGBT 阀组保持一致即可。

供能磁环的绝缘结构设计采用双重绝缘设计，供能磁环铁芯和绕组放置在由绝缘材料加工的骨架内，然后在骨架和铁芯绕组间浇注绝缘材料，外形结构如图 4-59 所示。

9. 绝缘电缆

转移支路每一层由 64 级 IGBT 阀组级联组成，绝缘供能电缆穿过 64 级供能磁环，提供感应

图 4-59 供能磁环外形结构图

电流，在供能磁环二次侧感应出电压，为对应的 IGBT 阀组提供能量。依靠绝缘供能电缆实现该层首末两级 IGBT 阀组电位差隔离，同时实现不同 IGBT 阀组电位隔离。绝缘供能电缆线芯通过固定在每一层转移支路中间电位点，使其绝缘电压从 160kV 减半至 80kV。

绝缘供能电缆采用聚烯烃直流绝缘料和半导电屏蔽材料，能够抑制空间电荷聚集，提高工程运行可靠性。

4.2.7　冷却系统及漏水检测

1. 冷却系统

混合式高压直流断路器主支路为长期通流组件，单台断路器最高损耗（短时）约为 179kW，因此器件的冷却采用强迫通水冷却。

高压直流断路器冷却系统由内冷却系统及外冷却系统组成，如图 4 - 60 所示。

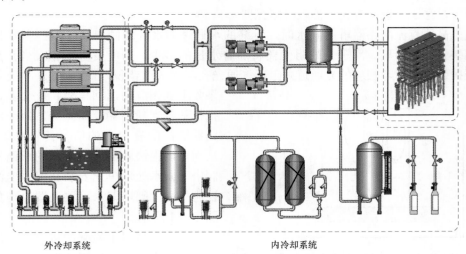

图 4 - 60　高压直流断路器冷却系统

内冷却系统的冷却介质以恒定的压力和流速流经主支路 IGBT 散热器，带走高压直流断路器运行产生的热量，再经外冷却系统（空气冷却器辅助喷淋系统）换热后流回主泵，形成闭式循环。冷却温控系统通过变频器控制冷却风扇的转速和风量，精密控制循环水温度。在室内和室外管路之间设有电动三通阀，当室外环境温度较低、断路器低负荷或零负荷运行时通过调节流量比实现冷却水温度调节，由电加热器对冷却水温度进行强制补偿。

高压直流断路器内冷却系统主要包括主循环冷却回路、去离子水处理回路、氮气稳压系统、补水装置、管道及附件、仪器仪表和控制保护系统。其外冷却系统主要包括空气冷却器、闭式冷却塔、喷淋水泵、喷淋水软化装置、喷淋水加药装置、喷淋水自循环旁路过滤设备、排污水泵、配电及控制设备、水管及附件、阀门、电缆及附件等。

高压直流断路器冷却系统设计有去离子水处理回路，并联在主循环回路上，预设定总流量的一部分冷却介质流经离子交换器，不断净化管路中可能析出的离子。去离子水处理回路通过膨胀罐与主循环回路冷却介质在主循环泵进口合流。与离子交换器连接的补液装置和与膨胀罐连接的氮气恒压系统保持系统管路中冷却介质的充足并隔绝空气。

2. 漏水检测

运行中，若高压直流断路器阀塔内部出现漏水，会对断路器的可靠运行带来严重的安全隐患，为此配备了专门的漏水检测装置。

高压直流断路器塔底部配置集水区和漏水检测装置。集水区的最低位放置漏水检测装置，来收集泄漏的水。为了监测水位，漏水检测装置内装设了一个浮子，浮子上设计有光纤挡板（阻光器）。

高压直流断路器塔内漏水时，泄漏的水通过集水区的倾斜面收集到漏水检测装置的容器里。浮子上的阻光器将随着水量的多少，高度发生变化。当升高至报警位置时，相应的光通道被阻断（通光孔与光通道错位），漏水处理单元如果收不到相应的返回信号，就会发送报警信号到断路器控制系统。每个断路器塔都配有独立的信号传输系统，从而可以很快确定发生漏水的断路器阀塔。漏水处理单元安装在漏水监测控制柜里。阀塔漏水检测装置原理如图 4-61 所示。

为了提高漏水检测的可靠性，避免出现误报，漏水检测依据漏水流量的大小采用了 2 级报警。当漏水流量大于 7L/h 时一级漏水报警；当漏水流量大于 14L/h 时二级漏水报警。

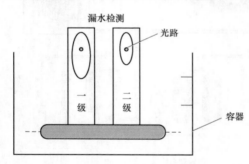

图 4-61　阀塔漏水检测装置原理示意图

4.3　混合式高压直流断路器控制、保护与监视系统

4.3.1　系统架构

高压直流断路器控制保护系统总体架构如图 4-62 所示。高压直流断路器二次系统包括断路器控制保护设备、断路器阀控设备（VBC）、供能系统控制柜、水冷二次系统、光 TA、快速机械开关控制器和 IGBT 阀组控制器。

高压直流断路器二次系统采用分层分布式设计，分为高电位二次设备层、

第
4
章

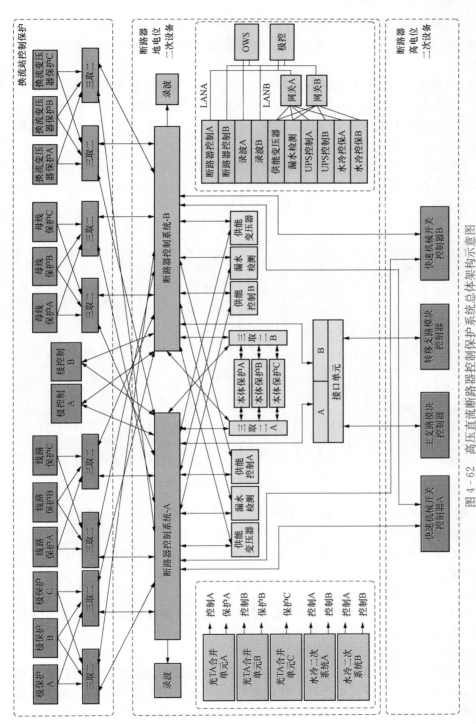

图 4 - 62　高压直流断路器控制保护系统总体架构示意图

地电位二次设备层和监视系统层，其中快速机械开关控制器和 IGBT 阀组控制器为高电位二次设备层，运行人员工作站为监视系统层，其余为地电位二次设备层。

监视系统层的 LAN 网将服务器和运行人员工作站与所有相关的高压直流断路器二次系统如控制系统、保护系统、水冷系统和不间断电源 UPS 等系统连接在一起，在网络上进行各类信息的交换，实现人机对话以及所有运行人员监控功能。

单台混合式高压直流断路器控制保护系统配置七面屏柜，如图 4 - 63 所示，包括断路器监视柜、断路器 IGBT 阀组接口与保护屏。断路器控制保护设备主要由主控制机箱以及通信管理机和交换机等组成。

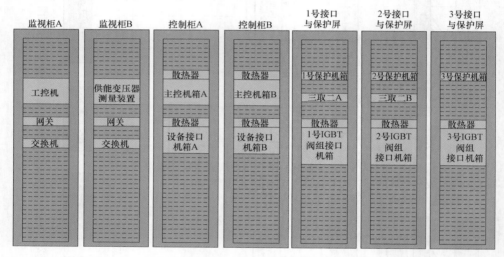

图 4 - 63　单台混合式高压直流断路器控制保护系统配置示意图

高压直流断路器控制保护系统采用基于高性能 SOC、FPGA 和 POWERPC 等芯片组成的通用硬件平台，将断路器的控制保护集成到一套硬件平台系统中，提高了系统集成度，由于所使用的板卡数量、元器件数量均相对较少，硬件系统的可靠性较高，降低了占地面积。

1. 系统冗余设计

为了提高控制系统的可靠性，高压直流断路器控制保护系统考虑了系统可靠性，其中系统冗余设计是主要手段。

（1）控制采用双重化冗余配置。

控制系统从断路器高电位二次设备层到地电位二次设备层，再到监视系统层都采用了完全双重化冗余设计，控制系统柜、通信通道、LAN 网、系统服务器和所有相关的控制设备都有冗余备份，以保障断路器不会因为任一控制系统的单重故障而发生停运，也不会因为单重故障而失去对断路器的监视。

控制系统故障等级分类包括正常状态、轻微故障、严重故障和紧急故障。双重化的控制系统之间可以进行系统切换，控制系统发生故障后按规定中的切换规则确定是否切换系统，系统切换遵循在任何时候运行的有效系统总是双重化系统中较为完好的那一套系统的原则。

（2）过电流保护采用三取二逻辑配置。

过电流保护为三重化配置，从测量单元到接口单元，均为独立的三套设备，从配置和功能上考虑防止拒动和误动的措施，任何单一元件的故障都不引起保护的误动和拒动。

当系统三套保护均正常运行时，保护系统采用三取二逻辑配置；当有一套保护出现故障时，保护系统采用二取一逻辑配置；当有两套保护故障时，保护系统采用一取一配置。

（3）LAN 网采用双重化设计。

运行人员工作站通过 LAN 网控制和监视断路器运行状态。为了提高整个监视系统的可靠性，LAN 网同样采用双冗余设计，由独立的 LAN1 和 LAN2 组成，所有系统主机或外接装置均通过两套互为独立的硬件接入 LAN 网，同时配置两套独立的冗余服务器，LAN 网具有完善的自检功能并可以实现故障时的自动切换。LAN 网采用双重化冗余配置的星型结构，使用交换机作为网络集线器，网络传输速率 100/1000bps，传输层协议为 TCP/IP，应用层协议采用标准协议。网络设计和设备选型充分考虑整个系统的可扩展性能。除满足当前需要外，交换机的接入端口数量保证留有 50% 以上的冗余度。

（4）电源采用双重化设计。

设备内部电源采用双重化耦合供电设计，任何一路电源出现故障退出时均不影响整个设备的正常运行。

2. 系统自检和切换逻辑设计

（1）控制系统自检设计。

控制系统具有监视与自检功能，监视与自检功能覆盖信号输入/输出回路、总线、主机、板卡以及所有相关设备，可以检测出上述设备内发生的所有故障。对各种故障定位到最小可更换单元，并根据不同的故障等级作出相应的响应。

（2）故障等级划分和切换逻辑设计。

两套系统在运行过程中，一套处于运行（active）状态，另一套处于热备用（standby）状态，两套系统通过冗余的 HDLC 进行数据通信，当处于运行状态的系统出现故障退出时，热备用系统会无扰动的切换为运行系统并取得控制权，原运行系统变为热备用状态或服务状态。系统切换命令可由自动或手动发出，切换命令只能从当前运行系统发出。热备用系统的内部故障或测试性操作都不会引起意外的动作。手动切换到有故障的备用系统的命令是无效的。在两个冗余系统之间的切换逻辑是完全独立的，有故障的备用系统就不会干扰处于运行状态系统的运行，可以在一个系统运行时对另一个系统进行检修。在发生前述故障时的冗余系统切换逻辑见表4-6。

表4-6　　　　　　　　　　　　　冗余系统切换逻辑

A、B系统	正常	轻微故障	严重故障	紧急故障
正常	不切换	A主：切换成B主； B主：不切换；	A主：切换成B为主。其中，A系统退出运行状态，进入服务状态； B主：不切换	
轻微故障	A主：不切换； B主：换成A为主	不切换		
严重故障	A主：不切换； B主：切换成A为主。其中，B系统退出运行，进入服务状态		当热备系统发生严重故障或紧急故障时，热备系统退出热备状态，进入服务状态。系统切换逻辑禁止以任何方式将有效系统切换至不可用系统。此时系统不会发生切换	
紧急故障				

4.3.2　测量系统

为了实现高压直流断路器的控制保护功能，需要在主支路、转移支路和耗能支路上配置互感器用于测量各个支路的电流，电流测量装置采用纯光纤电流互感器光TA。测量系统配置如图4-64所示。

（1）主支路，测点0，配置4套（含1套备用）光TA。

（2）转移支路，测点1，配置4套（含1套备用）光TA。

（3）总电流，测点2，配置3套（含1套备用）光TA。

（4）每层避雷器测点$I_{3-0}\sim I_{3-9}$，配置2套光TA，与测点2结合，用于判断避雷器是否故障。

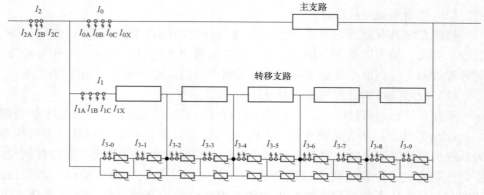

图4-64　高压直流断路器测量系统配置

其中，耗能支路避雷器动作的判据为

$$I_2 - I_1 - I_0 > I_{set1}$$

耗能支路避雷器故障的判据为

$$|I_{3-n} - 0.5 \times (I_2 - I_1 - I_0)| > I_{set2} (n = 0,1,2,\cdots,9)$$

4.3.3　控制功能

1. 控制功能概况

（1）高压直流断路器控制系统保证断路器在一次系统正常或故障条件下正确工作，任何情况下都不会因为控制系统的工作不当而造成断路器的损坏，控制参数和控制精度满足工程应用要求，控制系统完全双重化，并具有完善的自检及报警功能。

（2）高压直流断路器控制系统严格按照直流控制保护系统的指令执行分合闸操作。

（3）当与直流控制保护系统通信失去时，混合式高压直流断路器控制系统也能对断路器实施有效的控制，不会因为控制不当而对直流系统在上述系统故障期间的性能和故障后的恢复特性产生任何影响。

（4）混合式高压直流断路器控制系统具有对所有断路器 IGBT 阀组及快速机械开关的在线巡检功能。在断路器已投入带电的直流系统中，断路器控制系统在不影响输电的前提下，定期对断路器 IGBT 阀组及快速机械开关的状态进行检测。

（5）混合式高压直流断路器控制系统与直流控制保护系统之间的信号传输采用 IEC 60044 - 8 协议。

2. 混合式高压直流断路器工作状态

以混合式高压直流断路器当前操作为依据将断路器工作状态划分为自检、保持分、合闸、保持合、慢分、快分等几个状态。各个状态关系如图 4 - 65 所示。

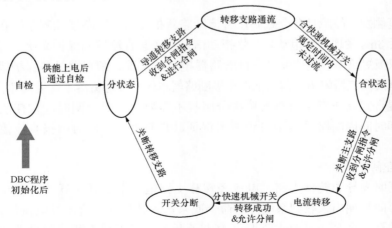

图 4 - 65　混合式高压直流断路器工作状态示意图

第4章

3. 分闸功能

混合式高压直流断路器分闸分为快分和慢分，保护发出的分断指令为快分指令，控制发出的分断指令为慢分指令，其分闸流程如图 4-66 所示。

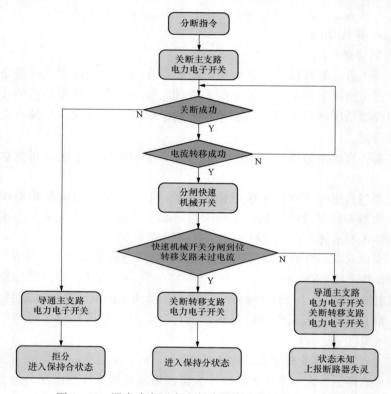

图 4-66　混合式高压直流断路器快速分闸流程示意图

直流侧发生故障且混合式高压直流断路器拒动时，断路器控制系统在接到分闸指令后 3ms 发现自身拒动，并将拒动信号发送至直流控制保护系统。对于直流侧发生双极短路不接地故障且一极断路器拒动的情况，断路器具备保护措施，使得在健全极换流器闭锁的前提下健全极断路器本体及其避雷器不发生损坏。

当混合式高压直流断路器单次分闸且不需要进行重合闸时，在耗能支路避雷器冷却时间内断路器具备自锁逻辑保证其自身安全，同时上报直流控制保护系统。

4. 合闸功能

合闸时先导通转移支路，电流经转移支路电力电子开关通流。若在系统故障判断时间周期内未收到系统分断命令或未达到转移支路合闸过电流保护阈值，快速机械开关合闸，导通主支路电力电子开关，高压直流断路器投入运行。否则，转移支路电力电子开关闭锁，断路器分断退出。混合式高压直流断路器合闸流程示意图如图 4 - 67 所示。

5. 重合闸功能

混合式高压直流断路器的重合闸动作控制时序和逻辑与合闸相同，只是在重合闸完成后，为防止避雷器过热增加了相应的自锁功能。

当混合式高压直流断路器需要进行重合闸时，若重合闸成功，则在断路器避雷器冷却时间内保持合闸状态（断路器具备自锁逻辑），同时上报直流控制保护系统，确保避雷器冷却之前断路器不会再次动作；若重合闸失败，则断路器在避雷器冷却时间内保持分闸状态，同时上报直流控制保护系统，确保避雷器冷却之前断路器不会再次合闸。

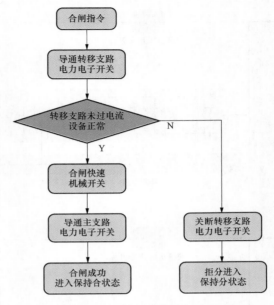

图 4 - 67　混合式高压直流断路器合闸流程示意图

6. 分级合闸功能

当混合式高压直流断路器接到分级合闸命令后，执行分级合闸流程，逐步顺序导通 10 级转移支路 IGBT 阀组，直至转移支路全部导通，如图 4 - 68 所示。

该混合式高压直流断路器分级合闸控制策略如下。

（1）断路器收到分级合闸命令后，导通第 1 级转移支路模块单元。

（2）以第 1 级转移支路导通命令发出时刻为零点，延迟一定时间，且检测到电流小于设计阈值后，发出第 2 级转移支路模块单元导通命令。

（3）重复上述过程直至 10 级转移支路 IGBT 阀组全部导通。

（4）导通主支路电力电子开关和闭合快速机械开关，完成断路器合闸。

为保障混合式高压直流断路器安全，若在分级合闸过程中，系统发生了短路故障或者设备某级单元无法正常导通时，断路器将关断，实现对自身的保护。

4.3.4　保护功能

1. 保护功能概况

为保障混合式高压直流断路器安全、可靠运行，断路器控制保护系统配置了一系列对本体的保护和对电力电子开关组件、快速机械开关、辅助设备等的故障诊断和保护。本体保护主要包含主设备超冗余保护、辅助设备保护和过电

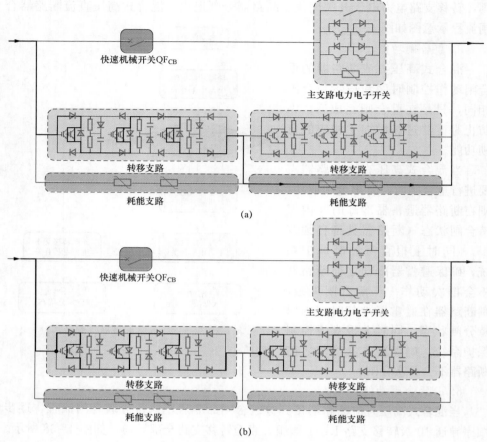

图 4 - 68　混合式高压直流断路器分级合闸原理示意图
（a）10 级转移支路分级导通；（b）10 级转移支路全部导通

流保护等。

混合式高压直流断路器本体保护动作逻辑与直流系统的保护逻辑是相互配合的，能满足直流电网安全稳定运行和故障穿越的要求。当断路器由于自身严重故障被迫分闸或拒动时，会向直流控制保护系统发出被迫分闸或拒动的信息。

混合式高压直流断路器本体保护中的过电流保护按"三取二"设计，电流测量装置按照 3 套配置。保护整体动作延时（从电流达到定值到断路器接到本体保护发出的命令）不超过 $350\mu s$。

2. 保护总体架构

混合式高压直流断路器保护总体架构如图 4 - 69 所示，其保护系统的配置原则如下。

（1）为了保证混合式高压直流断路器能根据系统指令可靠、快速动作，并

确保直流断路器的安全运行，断路
器对电力电子开关组件、快速机械
开关等主设备和辅助设备等配置的
包括主支路故障子模块超冗余保护、
转移支路故障子模块超冗余保护、
快速机械开关故障断口超冗余保护、
断路器控制保护系统本体保护、不
间断电源 UPS 故障保护、避雷器故
障保护、阀塔漏水检测保护、供能
变压器故障检测保护、主支路过电

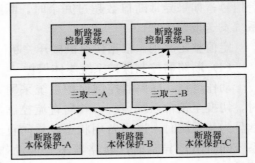

图 4 - 69　混合式高压直流断路器保护总体架构
示意图

流保护、转移支路过电流保护、合闸过电流保护、冷却系统本体保护。

（2）混合式高压直流断路器本体保护中每重保护系统都配有各自独立的电流测量装置。正常情况下，断路器保护系统的过电流保护的输出结果采用"三取二"逻辑，即有两套及以上保护系统动作才输出总的保护动作结果；如果有一套断路器保护系统发生故障，则在剩余的两套正常运行的断路器保护系统采用"二取一"逻辑输出过电流保护的保护动作结果，即有一套或两套保护系统动作才输出总的保护动作结果；如果有两套断路器保护系统发生故障，则在剩余一套正常运行的断路器保护系统采用"一取一"逻辑输出过电流保护的保护动作结果，即有一套保护系统动作就输出总的保护动作结果；如果三套直流断路器保护系统都发生故障，则断路器保护系统不输出总的保护动作结果。

3. 本体保护配置及动作逻辑

混合式高压直流断路器配置的本体保护具体如下。

（1）主支路故障子模块超冗余保护。

动作逻辑：当主支路子模块出现异常时，向直流控制保护系统发送报警信号；如果异常级数超过冗余时，断路器不允许动作，并向直流控制保护系统发送报警信号。

定值整定原则：根据主支路阀组的冗余数整定，冗余数为 3。

（2）转移支路故障子模块超冗余保护。

动作逻辑：当转移支路子模块出现异常时，向直流控制保护系统发送报警信号；如果异常级数超过冗余时，断路器不允许动作，并向直流控制保护系统发送报警信号。

定值整定原则：根据转移支路阀组的冗余数整定，每个 100kV 组件冗余数为 6。

（3）快速机械开关故障断口超冗余保护。

动作逻辑：当快速机械开关断口出现异常时，向直流控制保护系统发送报警信号；如果异常断口数超过冗余时，断路器不允许动作，并向直流控制保护系统发送报警信号。

定值整定原则：根据快速机械开关断口冗余数整定，冗余数为1。

（4）断路器控制保护系统本体保护。

动作逻辑：断路器控制保护系统采用冗余配置，当单系统异常且为主系统时，切换至正常系统运行，并向直流控制保护系统发送报警信号；当单系统异常且为从系统时，退出备用状态，并向直流控制保护系统发送报警信号；当双系统同时出现异常时，断路器不允许动作，并向直流控制保护系统发送报警信号。

定值整定原则：根据断路器控制保护系统主从双系统的故障状态来整定。

（5）水冷系统本体保护。

动作逻辑：当主支路水冷系统的进水温度、流量超过保护定值时，断路器不允许动作，并向直流控制保护系统发送报警信号。

定值整定原则：接收到水冷系统保护系统的故障信号。

（6）UPS电源故障保护。

动作逻辑：当UPS系统主机故障时，断路器不允许动作，并向直流控制保护系统发送报警信号。

定值整定原则：接收到不间断电源UPS系统的故障信号。

（7）避雷器故障保护。

动作逻辑：当断路器进行重合闸时，若重合闸成功，则在断路器避雷器冷却时间内不允许分闸，同时上报直流控制保护系统；若重合闸失败，则断路器在避雷器冷却时间内不允许合闸，同时上报直流控制保护系统。

定值整定原则：根据避雷器的冷却时间来整定，冷却时间为3h。

（8）阀塔漏水检测保护。

动作逻辑：冷却水泄漏率超过保护定值时就会发送相应的报警信号到断路器控制保护系统。

定值整定原则：泄漏率超过7L/h，向断路器控制保护系统发出一级漏水报警；当泄漏率超过14L/h，向断路器控制保护系统发出二级报警。

（9）供能变故障检测保护。

动作逻辑：

1）当主供能变压器的气压低时，断路器旁路开关闭合，向直流控制保护系统发送断路器失灵信号；直流控制保护系统接收到该信号后立即闭锁换流阀，同时跳交流侧开关；

2）当层间变压器发出压力低信号时，主支路旁路开关闭合，发出禁分禁合信号；

3）当主供能变压器或层间变压器发出温度高跳闸信号时，直流断路器旁路开关闭合，供能变压器电源跳闸，发出禁分禁合信号；

4）当检测到供能变压器电源故障如过电流、过电压、欠电压信号时，主支路旁路开关闭合，发出禁分禁合信号。

定值整定原则：接收供能变压器的故障信号。

（10）主支路过电流保护。

动作逻辑：断路器接收到快分指令，若主支路电流 $\geqslant 13kA$，则断路器上报断路器失灵、允许分闸无效；若断路器接收到快分指令，主支路电流 $< 13kA$，断路器执行快分命令。

定值整定原则：主支路过电流保护定值为 13kA。为保证分断过程中转移支路电流不大于 25kA，并尽可能避免断路器在接到分闸指令之前因主支路电流达到保护定值而误动作，结合考虑测量延迟、通信延迟、信号处理延迟等因素对主支路过电流保护定值进行合理整定。断路器电流采样率 50kHz，主支路过电流保护连判 3 次，延时为 $60\mu s$。考虑通信时间，保护整体动作延时 $\leqslant 350\mu s$，直流线路最大电流上升率按照 $\dfrac{25}{8}kA/ms$ 计算，保护定值需小于 14.5kA。考虑传感器误差等因素，保护定值采用 13kA。

（11）转移支路过电流保护。

动作逻辑：在分闸过程中，当转移支路电流大于等于过电流保护定值时，断路器立即闭锁转移支路，以保护转移支路电力电子开关，并向直流控制保护系统发送报警信号。

定值整定原则：转移支路过电流保护定值为 23.5kA。为保证转移支路闭锁时刻电流小于 25kA，保障半导体组件安全，结合考虑测量延迟、通信延迟和信号处理延迟等因素对转移支路过电流保护定值进行合理整定。断路器电流采样率 50kHz，转移支路过电流保护连判 3 次，延时为 $60\mu s$。考虑通信时间，保护整体动作延时不超过 $350\mu s$，直流线路最大电流上升率按照（25/8）kA/ms 计算，故保护定值需小于 23.9kA。考虑传感器误差等因素，保护定值采用 23.5kA。

（12）合闸过电流保护。

动作逻辑：对于合闸于预判故障的情况，当直流断路器电流大于等于过电流保护定值时，断路器立即闭锁转移支路进行分断，并向直流控制保护系统发送报警信号。

定值整定原则：合闸过电流保护定值为 6.8kA。为实现断路器合闸于故障线路时快速分断，降低对系统冲击和 MOV 吸收能量，且保证分断前断路器电流最大值不超过 8.5kA，结合考虑安全裕度、测量延迟、通信延迟和信号处理延迟等因素对合闸过电流保护定值进行合理整定。断路器电流采样率 50kHz，合闸过电流保护连判 3 次，延时为 $60\mu s$。考虑通信时间，保护整体动作延时$\leqslant 350\mu s$，直流线路最大电流上升率按照（25/8）kA/ms 计算，故保护定值需小于 7.4kA，考虑传感器误差等因素，保护定值采用 6.8kA。

4.3.5 监视系统

1. 监视系统总体结构

换流站高压直流断路器监视系统按站配置，全站配置一套完全双重化的系统，可接入多套断路器控制保护设备，监视断路器相关信息。

高压直流断路器监视系统配置在换流站控制室内对断路器进行监视，以便确认电力电子开关组件，快速机械开关，供能设备及断路器控制、保护和监视设备等的状态，并正确指示以上设备的异常或损坏，提供与现有监视系统兼容的接口。断路器监视系统传输及监视的电气量、接口要求等预留应满足直流系统控制保护要求。

在所有的冗余电力电子开关组件全部损坏后，监视设备发出警报。如果有更多的电力电子开关组件损坏，从而导致运行中的断路器无法成功分断系统电流时，向监视系统或其他保护系统发出信息。监视系统能够显示快速机械开关分合状态、分合条件等信息，如果快速机械开关损坏，从而导致运行中的断路器无法成功分断系统电流或断路器无法维持电流通路时，向监视系统或其他保护系统发出信息。监视系统能够显示供能系统状态信息，如果供能系统损坏，从而导致运行中的断路器无法成功分断系统电流或断路器无法维持电流通路时，向监视系统或其他保护系统发出信息。

如图 4-70 所示，高压直流断路器监视系统采用双网络设计，配置两台互为冗余工程师工作站，通过交换机形成局域网。

高压直流断路器控制保护系统 LAN 网采用标准协议，监视系统的软件考虑了用户对电力自动化系统开放性、可扩展性、可移植性、易维护性、可靠性和安全性等方面的要求，遵循国际标准 IEC 61970，采用面向对象技术开发，易于现场维护和使用。

运行人员控制系统遵循 IEC 61970 标准设计，具有较强的开放式结构，网络通信规约采用标准的国际通用协议，可方便与其他系统的连接和数据传输。

2. 监视系统功能

高压直流断路器监视系统按现场有人值班的原则进行配置，其运行人员控制位置按如下层次进行划分和配置，运行人员主要通过断路器监视系统对断路器各部件的状态进行监视，并可进行冷却启停机等断路器辅助系统的操作。检修状态下可切换至试验状态，对断路器进行分合闸操作。运行人员的控制操作将通过断路器监视系统的人机界面—运行人员工作站（OWS）来实现。

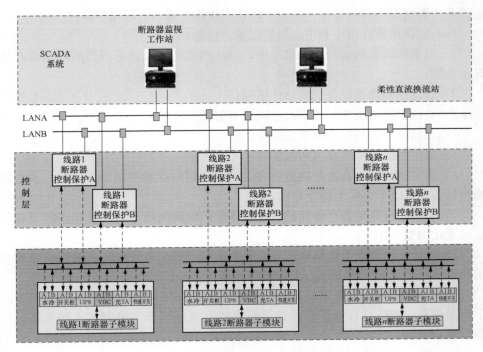

图 4 - 70　高压直流断路器监控系统总体架构示意图

高压直流断路器各状态通过运行人员操作实现，主要包含以下状态。

（1）检修状态：设置断路器检修状态方可进行断路器检修；检修状态不响应断路器控制保护指令。

（2）运行状态：设置断路器运行状态，直流断路器方可正常工作；运行状态下响应断路器控制保护指令。

系统提供高压直流断路器系统运行参数定时自动存储功能。系统数据库以及单独存储的故障录波等数据定期备份存储到外部存储器（CD - ROM 或 DVD - ROM）的时间间隔可由运行人员按需手动整定。

高压直流断路器监视系统所监视的信号内容如下。

（1）断路器及其设备的一次接线图。

（2）断路器系统监视信号，包括转移支路电流、主支路电流、避雷器电流、子模块状态信息、断路器分合状态、控制系统信息。

（3）主备冷却系统的运行工况，进出口水温、流量和漏水监视，泵的运行工况，水电导率的监测信号。

（4）断路器阀控系统状态、快速机械开关运行状态、供能电源运行状态、光 TA 设备状态、断路器避雷器动作次数。所有运行操作命令的发出、执行及完成或中断情况均得到监视，并设有防止误操作的确认、纠错等监控功能。

（5）监视的事件顺序和中央报警记录，包括：

1）直流断路器的运行状态信号中，当达到或超过设计临界值或限制值时的显示告警；

2）直流断路器控制保护的动作信号；

3）直流断路器的主、备用设备或通道的切换报警；

4）直流断路器的自检结果、故障报警；

5）通信系统故障的显示和报警；

6）正常运行时，直流断路器所有的运行控制命令和控制动作过程，及直流断路器各子系统运行状态的变化；

7）所有直流断路器本体保护及过电流保护的跳闸指令，及其相应的设备状态的变化的顺序记录；

8）对于经过辅助系统接口采集的报警信息，辅助系统接口将进行必要的归纳和汇总，形成简洁的 SER，上传站服务器；

（6）趋势记录：监视本换流站内所有直流断路器的状态并可以连续记录以下所需信息，并按日存盘保存，如运行方式、设备状态、控制方式和系统运行参数等；

（7）暂态故障录波信号，包括：

1）直流断路器的合闸、分闸和重合闸信号；

2）控制保护系统发出的直流断路器合闸、分闸和重合闸信号；

3）保护跳闸信号；

4）主支路电流、转移支路电流等；

5）其他事件信号。

此外，高压直流断路器监视系统还可监视系统人机接口的权限和原则，使每一运行人员均设有一个用户访问级别，该访问级别即确定了他能够执行的功能即操作权限，不同等级的用户有不同的操作权限。运行人员的操作权限由系统工程师来设置。只有授权的运行人员通过其口令和密码登录到系统后才能对直流断路器系统控制和对报警进行确认，其他人员无权控制系统的运行。运行人员能够随时退出系统控制，如果达到一个预先设定的期限（可人工修改）该运行人员还没有退出系统，或者是无操作时间超过一段预先定义的时间（如30min），则系统自动退出系统控制。

系统数据库功能也在高压直流断路器监视系统的管辖之下。系统数据库（Database）的基本功能是连续、准确地记录直流系统中所有设备的运行参数和运行状态（包括历史记录和实时记录），以供运行人员实时监测和故障后进行分析使用。系统数据库存储在系统服务器上，主要包括系统运行参数和状态、顺序事件记录、告警记录、趋势记录等。

　　系统数据库记录下的数据能够便捷地为运行人员控制系统所调用和打印输出，运行人员能够在工作站上完成对数据库的管理、维护和开发功能。数据库系统具有自我检测和监视功能，除故障时的主、备系统自动切换之外，当剩余的存储容量小于 10％时能够自动报警。

第 5 章

耦合负压式高压直流断路器

混合式高压直流断路器巧妙利用电流转移的特点实现了直流电流的开断，因此实现电流转移是混合式高压直流断路器成功分断直流电流的前提，第四章中的混合式高压直流断路器通过在主支路中串联电力开关，实现电流转移。该拓扑虽然解决了电流转移的问题，但也带来其他问题。例如，线路正常运行时，主支路电力电子开关导通额定电流给断路器带来几十千瓦的运行损耗，且需为其加装可靠的散热装置，一定程度上增加了混合式高压直流断路器的成本。

为了解决现有混合式高压直流断路器拓扑中存在的电流转移问题，下面将介绍另外一种基于电流转移方案的高压直流断路器——耦合负压式高压直流断路器。本章以在张北工程中得到应用的±500kV 耦合负压式高压直流断路器为例，对其拓扑结构、工作原理、本体结构及控制保护监视方案等进行介绍。

5.1 耦合负压式高压直流断路器工作原理及运行特性

5.1.1 拓扑结构

耦合负压式高压直流断路器的拓扑结构如图 5-1 所示，由 3 个并联支路组成，包括用于导通直流系统电流的主支路，用于短时承载并关断直流系统短路电流和建立瞬态开断电压的转移支路，用于抑制开断过电压和吸收线路及感性原件储能的耗能支路。

主通流支路仅由多个快速机械开关串联而成，通态损耗低，可采用自然冷却，无需冷却系统。快速机械开关采用真空灭弧室，电磁斥力机构，电磁缓冲机构和双稳态弹簧保持机构，能够实现毫秒级快速分断并恢复足够的绝缘强度。

转移支路主要由电力电子开关和耦合负压装置串联组成。其中，电力电子开关由二极管桥式整流子模块串联构成，能够实现毫秒级导通短路电流并关断耐压；耦合负压装置为可控电压源，在断路器开断时，可以产生瞬时反向电压，1毫秒内强迫电流从主支路换流至转移支路，同时保证不同转移电流的一致性和

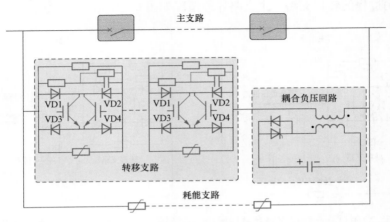

图 5-1　耦合负压式高压直流断路器整体拓扑示意图

可靠性。

　　耗能支路由多只避雷器通过串联组成，其电压等级和吸收能量由系统参数决定。

　　由于耦合负压式高压直流断路器主通流支路只包含快速机械开关，通态损耗低，无需水冷散热，节省了空间，运行维护成本相对较低。

5.1.2　工作原理及动作逻辑

　　耦合负压式高压直流断路器运行状态可归纳为断态、通态（长时间通流）、合闸过程、分闸过程及重合闸过程。对于本章节中介绍的耦合负压式高压直流断路器，其各种工作状态简要介绍如下。

　　（1）断态与合闸。

　　耦合负压式高压直流断路器合闸前处于断态，快速机械开关处于分闸状态，转移支路电力电子开关闭锁，断路器两端呈高阻状态，如图 5-2 所示。合闸是高压直流断路器由断态至通态的工作过程。合闸时，首先开通转移支路电力电子开关，若一段时间内电流不超过合闸过电流保护定值，则合主支路快速机械开关，快速机械开关导通稳态电流；若电流超过合闸过电流保护

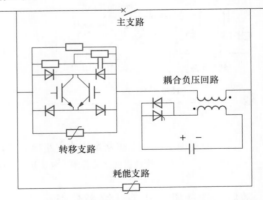

图 5-2　耦合负压式高压直流断路器断态

定值，则迅速关断转移支路电力电子开关，期间快速机械开关不动作。

合闸过程的转移支路、主支路导通情况如图5-3、图5-4所示。

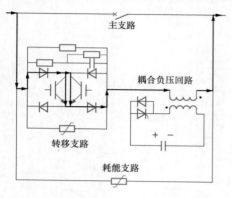

图5-3 合闸过程—转移支路导通情况　　图5-4 合闸过程—主支路导通情况

（2）分闸过程。

首先，导通转移支路电力电子开关，并分断快速机械开关，待快速机械开关触头开距达到一定距离时，耦合负压装置被触发并在转移支路中产生瞬时反向电压，强迫电流从快速机械开关转移至电力电子开关，如图5-5所示。当快速机械开关电流过零点后，触头熄弧。由于触头间电压为电力电子开关的导通电压和耦合负压装置的瞬时负压，远低于直流系统，触头不易重燃。

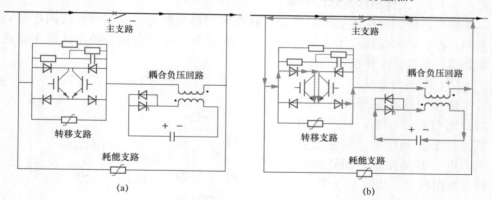

图5-5 电流从主通流支路换流至转移支路的过程示意图
（a）快速机械开关分闸，触头拉弧；（b）耦合负压回路触发

随后，快速机械开关继续做分闸运动，待触头间隙能够承受瞬态恢复电压后，转移支路电力电子开关关断，电流转移至耗能支路，如图5-6所示。断路器端间电压被耗能支路限制，同时电流逐渐下降至零。期间耦合负压装置不再产生反向电压，在换流回路中仅等效为电感。

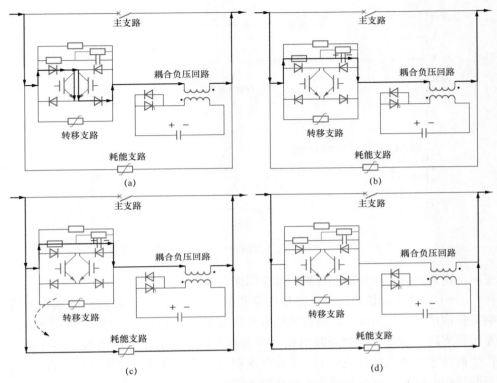

图 5 - 6　电流从转移支路换流至耗能支路的过程示意图
(a) 电流转移至转移支路；(b) 转移支路闭锁；(c) 电流转移至耗能支路；
(d) 耗能支流耗散能量

（3）重合闸过程。分闸操作完成后，耦合负压式高压直流断路器可执行重合闸操作。类似于合闸过程，首先开通转移支路电力电子开关，若直流系统故障消除，则合闸快速机械开关，随后关断转移支路电力电子开关，快速机械开关导通稳态电流；若直流系统故障未消除，则迅速关断转移支路电力电子开关，期间快速机械开关不动作。

综上，耦合负压式高压直流断路器完整关断过程动作逻辑如图 5 - 7 所示，耦合负压式高压直流断路器的分闸过程和重合闸过程的动作逻辑总结如下。

$t_0 \sim t_1$：t_0 之前耦合负压式高压直流断路器主支路流过系统正常电流。在 t_0 时刻发生短路故障，故障电流开始迅速上升，$t_0 \sim t_1$ 时间为控制保护系统故障检测时间，t_1 时刻断路器接收到分闸命令，开始执行分闸操作，主支路快速机械开关开始分闸，转移支路电力电子开关开通。

$t_1 \sim t_2$：t_1 时刻主支路快速机械开关执行分闸操作，由于机械惯性，触头在

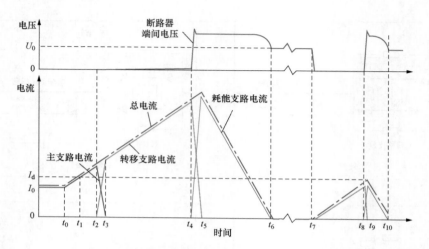

图 5 - 7　耦合负压式直流断路器完整关断过程动作逻辑

延时一定时间后开始运动和分离，触头间距离逐渐增加。

$t_2 \sim t_3$：主支路快速机械开关触头分开到一定距离时，t_2 时刻触发耦合负压装置依次产生正反向电压，强迫故障电流换流至转移支路，t_3 时刻电流完全换流至转移支路。该过程根据开断电流方向有所不同：开断正向电流时，耦合负压产生振荡电压使机械开关在 1/4 个振荡周期前熄弧，电流完全换流至转移支路；开断反向电流时，耦合负压产生振荡电压使机械开关在 3/4 个振荡周期前熄弧，电流完全换流至转移支路。

$t_3 \sim t_4$：转移支路电力电子开关导通电流，主支路机械开关触头距离继续增加。t_4 时刻之前触头间隙建立起能够承受开断过电压的绝缘开距，t_4 时刻转移支路电力电子开关关断。

$t_4 \sim t_5$：转移支路电力电子开关关断后，故障电流将对转移支路子模块的缓冲电容充电，当缓冲电容电压超过耗能支路避雷器动作电压时，故障电流换流至耗能支路。

$t_5 \sim t_6$：短路电流流过耗能支路，避雷器残压高于系统运行电压，故障电流逐步衰减，t_6 时刻（小于 100ms）电流衰减至 150mA 以下，故障清除。

$t_6 \sim t_7$：直流断路器保持开断状态。t_7 时刻接收到重合闸指令，开始执行重合闸操作，转移支路电力电子开关导通电流。

$t_7 \sim t_8$：系统电流上升，若直流系统故障消除，则电流维持在较低水平，在判断系统正常无故障后，合闸快速机械开关。在机械开关完成合闸后，关断转移支路电力电子开关，电流转移至主支路。若系统故障未消除，则电流上升到整定值以上，t_8 时刻接收到重合闸失败指令，开始执行转移支路电力电子开关关断操作，关断故障电流。

$t_8\sim t_9$：转移支路电力电子开关关断后，故障电流将对转移支路子模块的缓冲电容充电，当缓冲电容电压超过耗能支路避雷器动作电压时，故障电流换流至耗能支路并逐渐衰减至零。

5.1.3　电气技术参数

1. 断态电气技术参数

耦合负压式高压直流断路器处于断态，且柔性直流电网系统带电工况下，断路器两端耐受系统最高运行电压 535kV，分别由快速机械开关、转移支路电力电子开关、耗能支路 MOV 承担，各支路仅有因压差产生的漏电流流过。耦合负压装置中储能电容始终处于储能状态，由触发晶闸管耐受此电压。

2. 关合电气技术参数

耦合负压式高压直流断路器合闸过程中，转移支路导通，若电流判定不超过保护定值（定值 6.8kA），电流判定完成后，快速机械开关闭合，电流转移至主支路；若电流判定超过保护定值，考虑保护延迟，转移支路耐受电流峰值不低于 8.5kA，此过程中主支路和耗能支路耐受转移支路导通电压。

3. 通态电气技术参数

耦合负压式高压直流断路器处于通态，且柔性直流电网系统带电运行工况下，断路器对地承受系统最高运行电压 535kV。主支路快速机械开关为合闸状态，由于主支路通态导通压降较低，转移支路及耗能支路端间电压可忽略不计。

4. 开断电气技术参数

耦合负压式高压直流断路器在正向开断电流及反向开断最大电流过程中各支路电压电流仿真波形如图 5-8、图 5-9 所示。

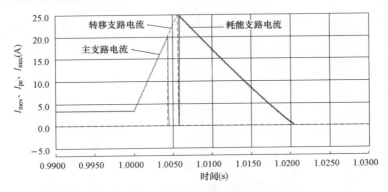

图 5-8　正向分断 25kA 电流仿真波形

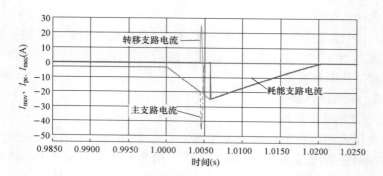

图 5 - 9   反向分断 25kA 电流仿真波形

以正向开断最大电流过程为例，根据开断电流过程中各个阶段的特点，耦合负压式高压直流断路器主支路快速机械开关、转移支路电力电子开关、耦合负压装置、耗能支路 MOV 等关键组部件主要电气技术参数波形如图 5 - 10 所示。

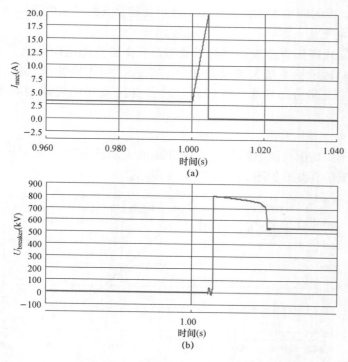

图 5 - 10   开断过程中耦合负压式高压直流断路器关键组部件
电气技术参数仿真波形（一）
（a）主支路电流仿真波形；（b）主支路电压仿真波形

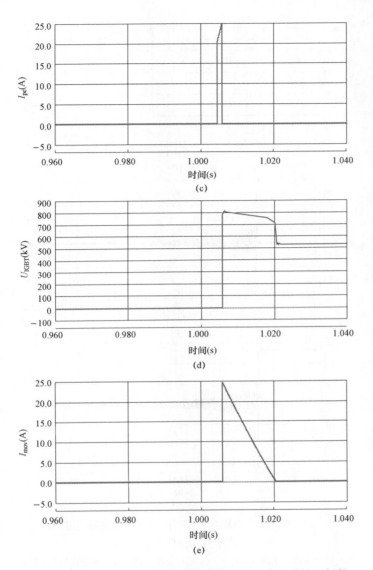

图 5 - 10　开断过程中耦合负压式高压直流断路器关键组部件
电气技术参数仿真波形（二）

（c）转移支路电力电子开关电流仿真波形；

（d）转移支路电力电子开关电压仿真波形；

（e）耗能支路电流仿真波形

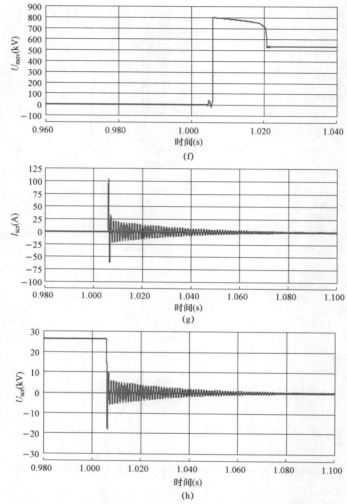

图5-10　开断过程中耦合负压式高压直流断路器关键组部件
电气技术参数仿真波形（三）

（f）耗能支路电压仿真波形；（g）耦合负压支路（一次）电流仿真波形；
（h）耦合负压支路（一次）电压仿真波形

耦合负压式高压直流断路器具备单次电流开断后300ms快速重合闸能力，快速重合于故障下具备再次开断的能力。断路器单次开断电流300ms后快速重合，重合原理与混合式直流断路器合闸相同。重合成功后主支路耐受电流不超过稳态导通负荷电流工况；重合于故障再次开断，转移支路与耗能支路电流不超过单次开断最大电流。

耦合负压式高压直流断路器快速重合闸工况下仿真波形图及电气技术参数

见图 5 - 11。

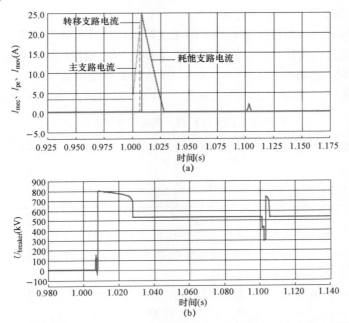

图 5 - 11　快速重合闸工况下耦合负压式高压直流断路器主要电流和电压仿真波形

（a）重合于故障再次开断电流仿真波形；（b）重合于故障再次开断直流断路器端间电压仿真波形

5.1.4　断路器损耗

耦合负压式高压直流断路器的主通流支路仅由快速机械开关组成，因此合闸回路的通流损耗主要是快速机械开关电阻损耗，故其总通流损耗计算如下：

（1）主支路总通流损耗不超过 9kW，充电机损耗 640W；

（2）耦合负压式高压直流断路器上二次板卡的名称、数量以及各板卡损耗计算见表 5 - 1；

表 5 - 1　　　　　　　　耦合负压式高压直流断路器二次板卡损耗

名称	数量（台）	功耗（W）
IEGT 控制驱动模块	320	320×12.5＝4000
快速机械开关控制模块	8	8×7＝56
耦合负压回路控制模块	8	8×7＝56
	共计	约 4200

（3）正常通流阶段耦合负压装置充电机损耗约为 600W，晶闸管损耗很小可忽略不计。

综上所述，耦合负压式高压直流断路器运行总损耗约为 14.5kW。

5.1.5 耦合负压式高压直流断路器过负荷能力

1. 合闸状态下断路器的过负荷能力

耦合负压式高压直流断路器的主通流支路仅由快速机械开关组成，因此断路器的合闸状态过负荷能力，取决于快速机械开关。主支路采用 8 个快速机械开关真空断口串联，通态电阻小于 $1000\mu\Omega$，开断最大直流电流 25kA，单断口 1min 短时耐压 160kV，单断口雷电冲击耐压 250kV，其具体过负荷能力见表 5-2。

表 5-2   快速机械开关真空灭弧室过负荷能力

电流（kA）	时间（s）	电流（kA）	时间（s）
3.3	长期	15	10
4.7	600	25	3
7.5	60		

对耦合负压式直流断路器的快速机械开关进行长时温升试验，试验直流电流 3300A。在长期通流下，快速机械开关温升稳定，1h 内温升变化不超过 1K，最热点温升为上部法兰盘处 36.7K。

可知，耦合负压式高压直流断路器在合闸状态下具有承受额定电流、过负荷电流及各种暂态冲击和短时耐受电流的能力。且对于运行中的任何故障所造成的最大短路电流，耦合负压式直流断路器可以承受，直至故障电流通过除该直流断路器分断之外的其他方式清除。

2. 关断过程中断路器的过负荷能力

耦合负压式高压直流断路器在关断过程中主要有如下电气技术参数。

（1）快速机械开关断口熄弧后由耦合负压支路引起的恢复电压。

换流结束时，机械开关断口熄弧后，串联断口总电压即为转移支路电压，此时电流全部通过转移支路流通，转移支路电力电子开关在最大短路电流 25kA 时的导通压降小于 10kV，耦合负压装置一次侧电路仍处于触发阶段，在二次侧产生感应的振荡电压，最大值约为 50kV，因此换流结束时，快速机械开关串联断口熄弧后总耐受电压不超过 60kV。

（2）断路器转移支路闭锁后产生的瞬态开断电压。

断路器主支路快速机械开关和转移支路均将承受转移支路闭锁后产生的瞬态开断电压（即耗能支路 MOV 动作电压 800kV），故此时快速机械开关断口耐受电压应大于 800kV，并考虑杂散参数。由于耦合负压装置在一次侧电路可等效为电抗器，并配置有动作电压 105kV 的避雷器，故电力电子开关需要在闭锁时承受 905kV 的操作过电压，考虑杂散电感和电力电子开关 IGBT 阀组并联的过电压保护避雷器，电力电子开关闭锁时承受的瞬态过电压不会大于 1230kV。

图 5-12 为耦合负压式高压直流断路器开断正、反向 25kA 电流时的耐受过

电压仿真波形，且与理论分析相一致。

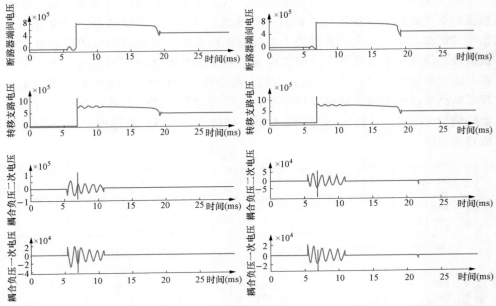

图 5-12　耦合负压式高压直流断路器开断正、反向 25kA 电流时的耐受过电压仿真波形

3. 分闸状态下断路器的过负荷能力

切除故障后，耦合负压式高压直流断路器快速机械开关与转移支路均承受开断后系统额定电压 $500\pm35\mathrm{kV}$。当故障电流完全被切除，与断路器串联的隔离开关打开后，断路器不再承受电压应力。

4. 设备故障下断路器过负荷能力

直流系统发生故障短路后，系统控制保护未及时发送开断命令，或因断路器自身故障不能进行开断时，断路器将承受短路电流直至系统利用其他方式将故障清除，此时的断路器承载短路电流波形如图 5-13 所示。

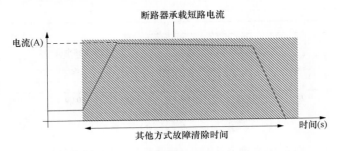

图 5-13　设备故障下主支路短路耐受电流波形

5.1.6　人工接地试验

2020 年 6 月 9 日，四端直流电网全接线工况下，在康巴诺尔换流站至阜康换流站直流线路上分别进行了正极人工接地、负极人工接地试验。试验过程严格遵守试验方案，每次试验测量了柔性直流换流站直流极线出线的瞬态电压电流以及高压直流断路器各个支路的电流。短路试验时现场实测的高压直流断路器分断波形如图 5-14 所示，可以看出断路器的动作时序与预期结果一致，均实现了断路器正确分断、换流阀保持正常运行的状态，其中正极短路时分断的电流峰值为 2382A，负极短路时分断的电流峰值为 2837A，断路器可在 3ms 内完成直流分断。

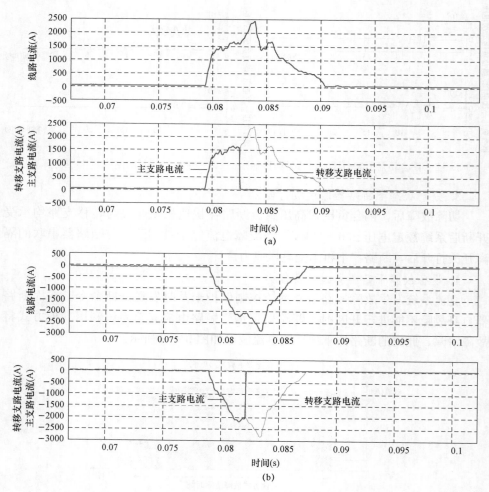

图 5-14　耦合负压式直流断路器人工接地试验波形

（a）正极接地分断波形；（b）负极接地分断波形

5.2 耦合负压式高压直流断路器结构及组件参数

5.2.1 整体结构

500kV 耦合负压式直流断路器整体结构如图 5-15 所示，整体主要分为支撑绝缘子、过渡层、耦合负压装置、耗能支路平台、快速机械开关平台、转移支路层间供能变压器、转移支路阀塔、500kV 主供能变压器。各部分固定在由多种支撑绝缘子搭建而成的支撑框架内。总体尺寸约为 17m×9m×15.5m，总质量约为 140t。

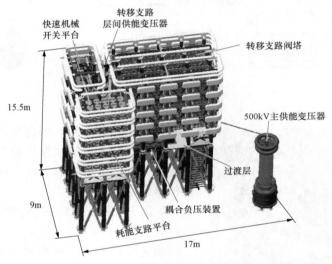

图 5-15 耦合负压式高压直流断路器结构图

(1) 过渡层，主要由底部支撑绝缘子、过渡层的垫板及两组入地光纤槽架组成，其中底部支撑绝缘子包括 500kV 绝缘子和斜拉绝缘子。

(2) 耦合负压装置，主要由耦合空芯变压器和耦合负压装置组成。

(3) 转移支路阀塔，主要有五层，共计 40 个阀段串联而成。每层的 8 个阀段按左右两列分布，层间使用铜排连接，阀塔层间使用 100kV 复合支柱绝缘子连接，底部用 500kV 复合支柱绝缘子支撑并连接斜拉绝缘子加固。

(4) 耗能支路平台，在阀塔主体左侧前部分，共分为六层，第一层为检修通道，第二层至第六层为避雷器组层，每层安装 10 支避雷器，由下面钢结构固定在层间绝缘子上，每层避雷器组由铝排连接。

(5) 快速机械开关平台，在阀塔主体左后部分为主要由 8 个快速机械开关模块组成，按"之"字形布置方式串联组成，每层搭设平台，平台间由层间绝缘子支撑。

（6）供能系统由直流断路器外侧地基上的 1 台 500kV 主供能变压器、多套层间隔离变压器、高压供能电缆和取能磁环等组成。

耦合负压式高压直流断路器俯视图及实物如图 5-16、图 5-17 所示。

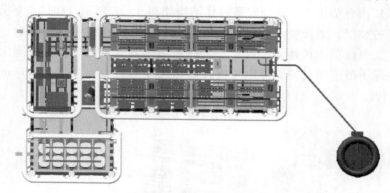

图 5-16　耦合负压式高压直流断路器俯视图

图 5-17　耦合负压式高压直流断路器

除以上各部分外，耦合负压式高压直流断路器中还包含与二次保护设备连接的光纤和电缆、各器件之间的等电位线及各部分外围的屏蔽罩等。

5.2.2　快速机械开关组件结构及参数

1. 整体结构

快速机械开关平台布置结构如图 5-18 所示，快速机械开关组件具备一定的开关断口串联裕度。在全部串联冗余损坏的情况下快速机械开关端对端能够承受规定的额定直流耐受电压、额定操作冲击耐受峰值电压和额定雷电冲击耐受峰值电压。

2. 单断口组件

主支路主要由 8 个 100kV 快速机械开关断口串联组成，其中 1 个为冗余配置，冗余断口作为两次计划检修之间运行周期中失灵断口的备用。快速机械开关采用真空灭弧室、电磁斥力操动机构、电磁缓冲机构（主要为二次控制回路，图中无法显示）及螺旋弹簧稳态保持机构。快速机械开关单断口结构如图 5-19 所示。

单个快速机械开关参数见表 5-3。

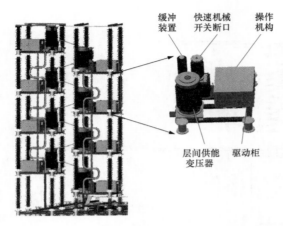

图 5-18　快速机械开关阀塔布置结构　　　图 5-19　快速机械开关单断口结构图

表 5-3　　　　　　　　　　快速机械开关单断口主要参数

项目	单断口参数	单位	项目	单断口参数	单位
端口额定电压	100	kV	1min 短路耐压	160	kV
额定电流	3300	A	雷电冲击耐压	250	kV
额定短路电流	25	kA	满足绝缘开距的分闸时间	2	ms

（1）真空灭弧室。

耦合负压式高压直流断路器中主通流支路的快速机械开关为真空灭弧室。真空灭弧室与其他类型灭弧室相比，触头质量轻、超程短、开距小、熄弧后绝缘恢复速度快，易于实现快速分合闸，同时具有安全可靠、寿命长、维修工作量小、环境不受污染等特点。

真空灭弧室采用纵磁灭弧，触头间开距 30mm，满足静态绝缘，触头可耐受直流电弧烧蚀。灭弧室动静侧导杆与导向座通过四道弹簧触指相连，触头超程 3.5mm，接触压力大于 2000N，可靠通流。超程簧放置于静触头侧，降低动触头运动质量，动静触头端部均焊接不锈钢波纹管，结合电磁缓冲机构，可降低分合闸机械冲击造成的损伤，延长波纹管使用寿命。真空灭弧室外覆大小伞硅橡胶套管，硅橡胶外套与真空灭弧室间填充硅油并用硅胶密封。灭弧室极柱空气净距 450mm，爬电比距大于 16mm/kV，局放水平小于 1pC。

针对快速机械开关进行温升试验，在环境温度 17.7℃，对快速机械开关施加 3300A 直流试验电流，使试品温升达到稳定（在 1h 内温升增加不超过 1K）。测温点分别布置在进出线端子、真空灭弧室动静触头处，具体位置如图 5-20 所示。

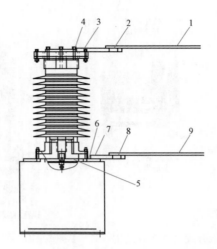

图 5 - 20　测温点布置图

1～9—测温点

长期通流，快速机械开关温升稳定，且 1h 内温升变化不超过 1K，测量各测点温度，温升试验结果见表 5 - 4。

表 5 - 4　　　　　　　　　　快速机械开关的温升试验结果

温升测点	测点位置	温升（K）	温升测点	测点位置	温升（K）
1	进线铜排 1m 处	27.7	6	过渡板	25.9
2	进线接线端子	32.4	7	接线端子	29.1
3	进线接线端子	30.1	8	接线端子	23.4
4	静触座	36.7	9	铜排 1m 处	23.6
5	动触座	29.6			

试验结果表明，该快速机械开关在最大连续直流电流 3300A 的工况下，最大测点温升为静触头处，为 36.7K，测点温升不超过 65K，具有一定的稳定性，能够满足设备的长期稳定运行。

（2）操动机构。

耦合负压式高压直流断路器采用的是电磁斥力操动机构，其优势在于电磁斥力操动机构动作速度最快，分合闸特性好，能量小结构简单，可靠性高。电磁斥力操动机构原理图如图 5 - 21 所示。

该操动机构的动作原理主要是有两个固定线圈作为分闸线圈和合闸线圈，金属盘和拉杆固定并可以一起上下运动，拉杆与灭弧室的动触头相连接。进行分闸操作时，导通开关 S（如晶闸管），储能电容 C 对分闸线圈放电，分闸线圈

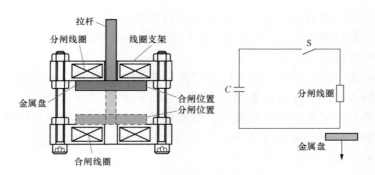

图 5 - 21　电磁斥力操动机构原理图

流过脉冲电流，在金属盘中感应出与线圈电流方向相反的涡流，从而产生斥力，驱动金属盘带动拉杆及动触头运动，实现分闸操作，合闸过程类似。

电磁斥力操动机构操动时，线圈会流过很大的瞬态电流，由于线圈存在电阻，会产生电阻损耗，从而导致线圈发热、温度上升。此外，线圈电流会在金属盘中感应出大的涡流，产生涡流损耗并导致金属盘发热、温度上升。当电磁斥力操动机构在短时间内连续多次重复操动时，线圈和金属盘的温度会不断上升。当线圈的温度超过极限允许值时，线圈的匝间绝缘会被破坏；当金属盘的温度超过极限允许值时，金属盘会软化，机械强度下降。因此，电磁斥力操动机构操作时，研究其线圈和金属盘的温升很有必要。

当电磁斥力操动机构动作一次时，根据热平衡原理，仿真得到线圈和金属盘的温升如图 5 - 22 所示，线圈的温度上升了 3.5℃ 左右，金属盘的温度上升了 1.5℃ 左右。即便电磁斥力操动机构进行连续多次操作，其线圈和金属盘的温度都可以在允许范围内。

（3）电磁缓冲及控制单元。

耦合负压式高压直流断路器的快速机械开关缓冲选用电磁缓冲的方式。其原理与电磁斥力操动机构相似，进行分闸操作时首先分闸线圈所处回路中的电容对其放电，分闸线圈与金属盘之间产生斥力，金属盘带动操动机构的动触头等其余运动部件向合闸线圈运动，当它们的行程达到开关要求的绝缘距离的时候，合闸线圈所处回路中的电容对其放电，此时合

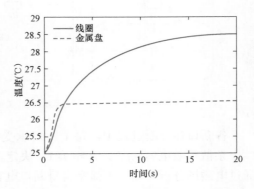

图 5 - 22　电磁斥力操动机构操作一次时线圈和金属盘的温升仿真结果

闸线圈与金属盘也会产生斥力，使运动部件减速，从而降低操动机构运动部件到达分闸位置时的动能，避免反弹。进行合闸操作时同理。

（4）保持机构。

快速机械开关中还需要分合闸双稳保持机构，即当其位于分位置时需要提供分闸保持力，位于合闸位置时需要提供反方向的合闸保持力，该快速机械开关保持机构采用螺旋弹簧保持机构，其结构简单，不会显著增加操动机构运动部件的质量，形变量较长时机械稳定性强，分合闸保持力均大于2000N，结构如图5-23所示。

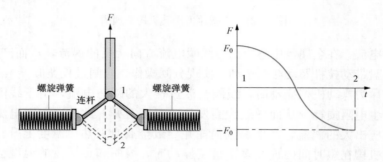

图5-23　双稳态弹簧保持机构结构示意图

3. 断口均压

快速机械开关平台由多断口串联组成，当各断口均处于分断位置时，断口自身的阻抗无穷大，每个开关断口承受的直流电压将由真空灭弧室外壳沿面电阻 R_1 及均压电阻 R_2 决定，如图5-24所示。

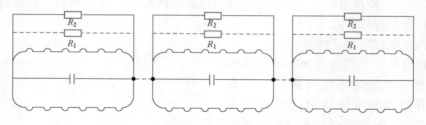

图5-24　快速机械开关断开工况下阻抗布置

各断口在分断过程中，每个断口承受的冲击电压将由真空灭弧室断口电容 C_0、杂散等效电容 C_1、均压电容 C_2 决定，分断过程电容分布如图5-25所示。通过电磁场分析可知，灭弧室自身断口电容约为20pF左右，杂散等效电容的来源复杂，其值由机械开关平台结构确定，同时，考虑到每个断口所处位置、对地距离、周围带电体的差异，离散性很大，由电磁场仿真分析可知，其值在数十皮法至上百皮法之间，足以影响多断口动态均压。

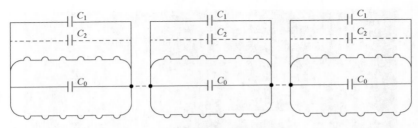

图 5-25　快速机械开关杂散电容分布

为了减小杂散电容导致串联断口电压分布不均造成的影响，在各断口间分别并联电阻进行静态均压，并联阻容电路进行动态均压。均压电路拓扑结构如图 5-26 所示，静态均压电阻 300MΩ，缓冲电容 5000pF，缓冲电容串联电阻 300Ω，快速机械开关断口间的静态、动态不均压系数小于 5%。

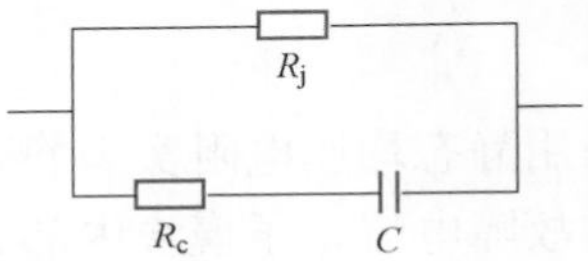

5.2.3　转移支路电子开关组件及参数

1. 整体结构

转移支路阀塔共有 5 层，每个阀层具有完全相同的结构，每个阀层又由 8 个完全一样的阀段串联

图 5-26　快速机械开关均压电路拓扑结构

而成，模块化的结构使得转移支路电压等级的提升通过串联层数的增加即可实现，便于生产、检修和运维。转移支路阀塔结构如图 5-27 所示。

图 5-27　转移支路阀塔结构示意图

阀段是转移支路电力电子开关运输和安装的最小单元，每个阀段由 8 个二极管桥式整流子模块串联组成，子模块器件按照一定的电位关系进行排列，组装成一个阀段，如图 5-28 所示。整个阀段包括 1 串注入增强晶体管 IEGT（Injection Enhanced Gate Transistor，IEGT）压装体、2 串二极管压装体、8 个均压模块、8 个缓冲保护模块、8 个吸能保护模块、8 个驱动模块、2 个供电模块。

2. 电气原理

转移支路电力电子开关阀段的电气连接如图 5-29 所示，使用二极管桥式整流单元作为电子开关串联子模块，串联数量为 320 个，冗余数为 30 个。每个子模块中，选用 2 个 IEGT 并联作为主开关器件，选用 4 个普通整流二极管导通双向电流，并使用加速电流衰减的缓冲支路和避雷器实现动态均压和过电压保护，

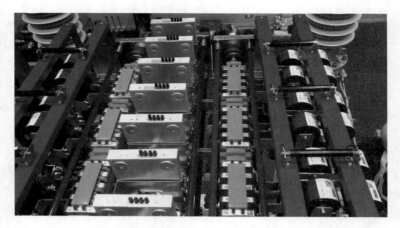

图 5-28　IEGT 阀段结构

采用静态均压电阻实现静态直流均压。电力电子开关子模块可关断不大于 25kA
的故障电流，子模块内部 2 个 IEGT 不均流系数、串联子模块静态不均压系数和
动态不均压系数不超过 ±5%。此外，采用加速衰减的缓冲支路结构，可以实现
关断后电流在 100ms 内快速减至 150mA 以下。

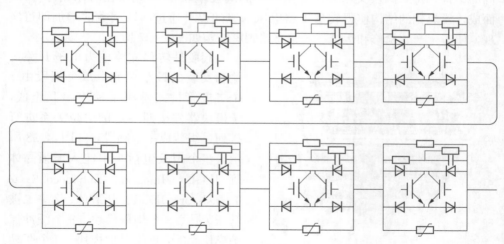

图 5-29　IEGT 阀段电气连接图

　　二极管桥式整流结构具备双向电流开断功能，一定程度上减小了全控型器
件数量及其控制单元的数量，提高了器件使用率和可靠性，有效地降低了
成本。

　　为保护转移支路子模块不被击穿，在各级子模块器件两端并联避雷器，使
断路器关断耐压过程中，每一级子模块的端间电压不超过 3.6kV。子模块的最

终参数见表 5 - 5。

表 5 - 5　　　　　　　　　子模块最终参数表

序号	器件名称	型号	参数
1	IEGT	ST3000GXH24A	4.5kV/3kA
2	整流二极管	D1800N48T VF	耐压大于 5.5kV，额定电流大于 1.8kA，浪涌电流 25kA 以上
3	MOV	YH25W - 24/3.6	放电电流 25kA，直流 1mA 参考电压不小于 2.4kV；25kA 电流下残压不小于 3.6kV
4	均压电阻	RI80 - 200W - 200K ±1%（F）	200kΩ，功率 100W

3. IEGT 器件

根据对现有的电力电子器件进行调研和对比分析，IGBT、IEGT、IGCT 及可关断晶闸管 GTO 各具优势，见表 5 - 6。IGBT/IEGT 关断电流大，额定电流 3kA 的器件可瞬态（5～8ms）导通并关断 14～18kA 电流，且为压控型器件，驱动功率小，对供电系统要求较低，但耐浪涌能力较差，导通 20kA 以上电流会出现退饱和现象，导致 IGBT/IEGT 因导通压降迅速升高、功率增大而损坏。IGCT 瞬时关断电流与额定电流相同，现有产品中最大可关断 5kA，为流控型器件，驱动功率较大，但抗干扰能力强，耐浪涌能力强，可耐受 33kA/10ms 半波。

表 5 - 6　　　　　　现有的大功率电力电子器件特性对比

器件名称	IGBT/IEGT	IGCT	GTO
器件类型	压控	流控	流控
通态压降	较大	小	较小
关断电流	很大	一般	一般
浪涌电流	小	大	大
串联均压方法	门极和负载侧	负载侧	负载侧
驱动功率	小	大	大
器件差异	较小	较小	一般
失效特性	短路	短路	短路
价格	中等	中等	中等

在耦合负压式高压直流断路器应用中，为提高关断可靠性，应选取单次关断电流能力大的器件从而减少并联数量。为保证串联可靠性，应选取失效后呈短路特性的器件。考虑最大关断电流25kA，应选择瞬态关断能力强的电力电子器件。综合比较不同器件特性、价格以及工程应用可靠性，选择4.5kV/3kA的IEGT器件，如图5-30所示。

图5-30　IEGT器件外观

IEGT器件在高压直流断路器应用中的失效情况如下。

（1）器件通流时，其内部温升会迅速上升，温度过高会导致器件失效率增加。

（2）器件关断短路电流的过程中，电流下降的同时电压会上升，能承受10MW以上的瞬态功率，过大的瞬态功率会造成器件内部芯片局部过热，导致器件失效率增加。

（3）器件完成一次关断动作，由于内部温升较高则此时耐压能力相对减弱，当电压过高时也容易失效。

为使电力电子器件可靠关断，其关断时的温升应限制在安全工作温度125℃以下。器件的温升主要与其导通压降、通态电流、通流时间和热阻有关。IEGT在不同电流下的通流温升情况如图5-31所示。

转移支路电力电子器件在导通25kA电流3.6ms后，器件结温应不超过120℃。按照所选取的IEGT电流曲线、伏安曲线、热阻曲线计算，并考虑两并联IEGT有20％的不均流情况，在门极电压为20V时，导通高电流后的IEGT温升约为45℃。

按照耦合负压式高压直流断路器关断过程中IEGT实际承受的电流计算（导通时间约为1.5～2ms），仍按两并联IEGT 20％的

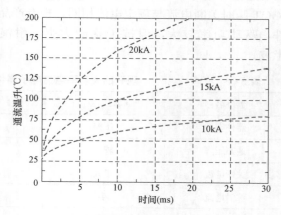

图5-31　IEGT耐受不同电流下的通流温升

不均流情况考虑，第一次关断后的温升约为35℃，而考虑重合闸的情况，连续两次关断后的温升约为50℃。

室温为50℃的情况下，三种工况下IEGT的温升总结见表5-7。根据计算结果，IEGT的结温均不超过120℃，满足要求且具有一定的裕度。

表 5 - 7　　　　　　　　　　　IEGT 三种工况下的温升总结

室温	50℃
25kA 通流 3.6ms 后 IEGT 的温升	95℃
实际单次关断 25kA 后 IEGT 的温升	85℃
实际重合闸连续两次关断后 IEGT 的温升	100℃

4. 二极管器件

根据耦合负压式高压直流断路器工作原理和转移支路电力电子开关以及二极管桥式结构中二极管的电气技术参数分析，二极管选择为暂态耐压大于 4.5kV，浪涌电流大于 25kA 的压接型普通整流二极管。

5. 均压均流能力

（1）串联均压能力。

电力电子开关的串联均压问题主要分为静态均压和动态均压。

1）静态均压主要是由于器件耐压状态下的漏电流特性差异造成。为此，在每个串联子模块两端并联静态均压电阻，其泄漏电流设计为器件漏电流的约 10 倍以上，直流耐压均按照 5％的不均匀系数取裕度，并且均压电阻的阻值误差为 ±3％，满足设计需求，从而保证静态耐压的均匀性。此外，由于每个串联子模块两端并联有过电压保护避雷器，亦可将每个子模块的静态直流电压限制在避雷器的额定电压附近。

2）动态均压主要是由于器件特性差异、控制信号传输时间差异等原因造成。为此，在每个串联子模块两端并联缓冲支路，从而实现动态均压。此外，每个子模块两端并联的过电压保护避雷器亦可将其暂态电压限制在避雷器的动作电压 3.6kV 以下。电容仅起到使器件"软关断"的作用，不会由于电容偏差造成个别子模块电压过高的情况。

针对电力电子开关子模块串联的阀组，进行静态直流耐压试验。在不同电压下，不同子模块的不均压系数最大为 3.7％，小于 ±5 的要求。

结合电力电子开关子模块串联的阀组，进行动态耐压试验，不同子模块关断同步性好，且动态均压效果好，小于不均压系数 5％，试验波形如图 5 - 32 所示。

（2）并联均流能力。

通过对称的结构设计，可以改进 IEGT 并联均流的效果，同时，在组装过程中，对器件进行筛选，选取通态压降相近的两个器件进行并联。此外，还需保证驱动控制信号的一致性。

单个子模块关断 28kA 的并联均流试验结果，两个器件均流效果如图 5 - 33 所示，不均流系数为 3.5％，满足工程应用要求。

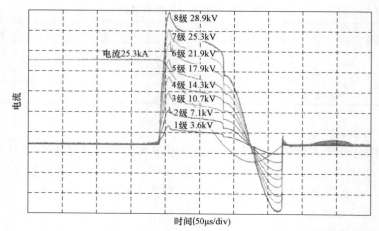

图 5 - 32　电力电子开关子串联模块动态耐压试验波形

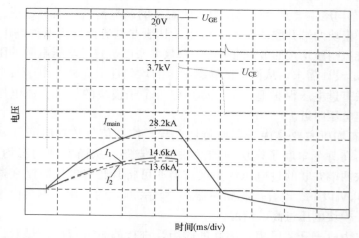

图 5 - 33　子模块关断 28kA 的并联均流试验波形

5.2.4　耦合负压装置

1. 整体结构

耦合负压装置是耦合负压式高压直流断路器核心部件之一，利用耦合负压装置实现电流从主通流支路向转移支路换流，其原理是 LC 回路通过半导体开关控制产生 LC 振荡电流波形，通过空芯变压器耦合，在主回路中与原有电流叠加产生过零点实现断路器的可靠开断。耦合负压设备在断路器正常闭合运行期间，一直处于高能储能待机状态，等待控制保护设备指令，当控制保护设备发出指令后，耦合负压设备立刻触发动作，在极短的时间内释放能量。由于耦合负压设备长期处于储能状态，且能量较高，因此，对可靠性要求十分苛刻。

耦合负压装置布置在直流断路器的过渡层，如图 5 - 34 所示，共分为以下几个部分。

（1）承重底板，固定在横梁支架用于承载耦合负压装置和配电装置的过渡板，共 5 件。

（2）空芯变压器，用来将耦合负压装置本体产生的振荡电流耦合到主支路。

（3）耦合负压装置主体，包含充电变压器、触发装置、避雷器、电容和晶闸管阀段等装置。

（4）配电装置，放置于 4 号承重之上底板上，共 1 件。

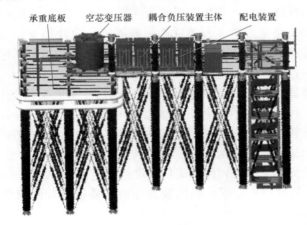

图 5 - 34　过渡层结构

2. 电气原理

耦合负压装置的拓扑结构如图 5 - 35 所示，主要包括预充电电容 C_D 及其充电电源，触发电容回路放电的晶闸管 SCR 及反并联二极管，以及耦合空芯变压器。此外，还包括用于晶闸管和二极管串联均压的静态均压电阻、RCD 动态均压电路。

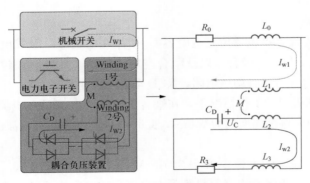

图 5 - 35　耦合负压装置结构及换流原理

165

耦合负压装置总共有三种工作状态。

（1）正常运行。一次侧回路中 SCR 处于关断状态，C_D 预充电压，线路电流由快速机械开关导通。

（2）直流断路器关断时。转移支路电力电子开关导通，同时快速机械开关分闸，分闸达到 2～3mm 时，触发 SCR，C_D 与回路等效电感振荡，并通过耦合空芯变压器的 L_1、L_2 在转移支路中耦合负压，使得转移支路整体导通压降低于快速机械开关弧压，从而强制电流从主支路换流到转移支路，机械开关熄弧完成该阶段电流转移。

（3）换流至耗能支路。等快速机械开关分闸运动到触头间隙能承受瞬态恢复电压时，转移支路电力电子开关关断，线路能量由耗能支路避雷器吸收，电流下降到零，在此期间耦合负压装置在转移支路中等效为串联电感，不影响电力电子开关关断过程。

耦合负压装置一次侧回路可以产生双向电压，从而实现双向电流的转移。通过调整参数，可以克服不同电压等级电力电子开关导通压降，保证电流快速可靠转移。所能转移的正向电流最大值大于正向最大短路电流，所能转移的反向电流大于反向最大短路电流。

对于最大换流的工况，短路电流从额定运行电流 3kA 在 6ms 内上升至额定开断电流 25kA 的过程中，耦合负压装置在断路器接收分闸指令后 1.5ms 时刻动作，开始转移电流。

正向、反向电流从主支路换流至转移支路的仿真结果如图 5-36 所示。正向、反向电流均可在 0.6ms 内快速完成换流。为进一步提高换流可靠性，耦合负压装置设计的换流能力值大于 25kA，并可以连续 2 次产生大于要求值的正反向高频叠加电流。

耦合负压装置的换流方案无需冷却散热，断路器损耗低，耦合负压装置的最大换流时间由内电路参数决定，可以在 0.6ms 内完成 −25kA～0～+25kA 全电流范围换流。

3. 组件参数

耦合负压装置主要包括预充电电容 C_D 和其充电电源，触发电容回路放电的晶闸管 SCR 和反并联二极管，以及耦合空芯变压器。此外，还包括用于晶闸管和二极管串联均压的静态均压电阻、RCD 动态均压电路。

在耦合负压极限的工作情况下，在耦合负压侧产生 150kA 电流振荡（对应一次侧转移 25kA），振荡周期约为 0.8ms，此时耦合负压晶闸管电流波形如图 5-37 所示。

电流上升阶段平均电流上升率为 750A/μs，阀体串采用 13 只晶闸管串联、4 串晶闸管并联，考虑不均流每只管子上电流平均上升率不超过 200A/μs。上升

第5章

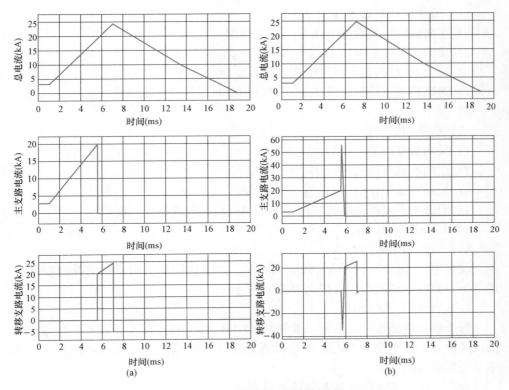

图 5-36　正、反向电流从主变路换流至转移支路仿真波形
(a) 正向；(b) 反向

过程中电流最大上升速度为 1200A/
μs，考虑不均流每只管子上电流最大
上升率不超过 320A/μs。

　　在储能电容设计最大值为 36kV
工作条件下，每只晶闸管长时间工作
电压为 3200V，满足长期最大额定工
作电压的设计原则。常温下，当门极
触发电流为 2A，上升时间为 500ns
时，其额定电流上升率为 1000A/μs，
满足电流上升率要求。在触发方面，
在安全范围内增加触发信号强度和电

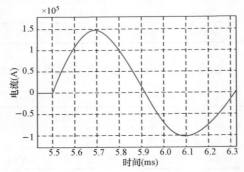

图 5-37　耦合负压晶闸管电流波形

流上升率以提高晶闸管开通速度，同时，每次脉冲放电间隔时间超过 10min，使
器件充分散热，以保障 $\mathrm{d}i/\mathrm{d}t$ 耐受参数。

（1）所选用晶闸管 SCR21 参数。

1）正向阻断重复峰值电压 $U_{DRM}=5200V$。

2）反向重复峰值电压 $U_{RRM}=5200V$。

3）最大正/反向长期额定工作电压 $U_{DWM}=3470V$。

4）通态不重复峰值电流 $I_{TSM}=63kA$（反向并联逆导二极管）。

5）$di/dt=1000A/\mu s$。

（2）所选用二极管参数。

1）反向重复峰值电压 $U_{RRM}=4500V$。

2）正向不重复峰值电流 $I_{FSM}=56kA$。

3）长期直流工作电压 $U_{DC\text{-}link}=3200V$。

4）通态不重复峰值电流：$I_{TSM}=63kA$（反向并联逆导二极管）。

5）$di/dt=5300A/\mu s$。

（3）所选用避雷器参数。

动作电压 3800V/5000A，残压 4200V，主要作用是当所串联的晶闸管开通速度不一致时，钳制电压可能出现的短时过电压。

（4）所选用 BOD 参数。

每个触发电路板设计击穿二极管 BOD（Break Over Dlode，BOD）电路，当出现某单元触发电路失效时，将自动触发所连接的晶闸管，达到保护目的，属于冗余保护措施。

耦合负压装置本体其他各部件的参数见表 5-8。

表 5-8　　　　　　　　　　　　耦合负压装置参数

器件名称	器件参数值	器件名称	器件参数值
电容	162.5μF/36kV	二极管	5SDF28L4521
晶闸管	5STP34Q5200（含触发电路）		

耦合空芯变压器的主要参数见表 5-9。

表 5-9　　　　　　　　　　　　耦合空芯变压器主要参数

耦合负压装置参数	参数值	单位	耦合负压装置参数	参数值	单位
换流能力	＞26	kA	二次侧线圈耐受冲击电压峰值	130	kV
原边线圈耐受冲击电压峰值	130	kV	一、二次侧线圈耐受冲击电压峰值	80	kV

正向、反向 25kA 电流关断过程中，电力电子开关瞬时仿真结果如图 5-38、图 5-39 所示。一、二次侧的冲击电压最大值分别被限制在 60kV 和 120kV。

4. 晶闸管均压均流能力

类似于转移支路电力电子开关的均压设计方法，耦合负压驱动电路的晶闸

第5章

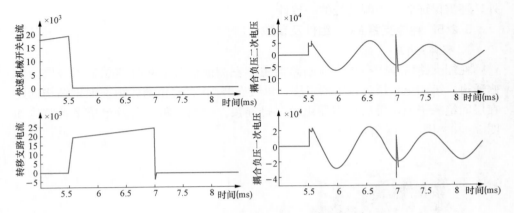

图 5 - 38　正向关断 25kA 电流仿真波形

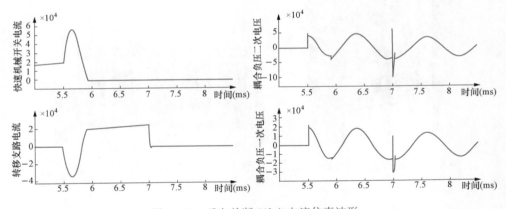

图 5 - 39　反向关断 25kA 电流仿真波形

管，分为静态均压设计和动态均压设计。

（1）对于静态均压，采用并联静态均压电阻的方法实现均压，设备中的晶闸管与二极管长期工作在阻断条件下，电力电子器件温度长期处于较低水平。如选用品质较高的晶闸管，在常温下其漏电流较小，因此静态均压电路将不会产生较大功耗，这将增强设备的长期运行稳定性和寿命。

（2）对于动态均压，采用 RC 吸收电路来吸收半导体器件在关断和开通过程中 $\mathrm{d}i/\mathrm{d}t$ 变化率与分布电感作用形成的尖峰电压，为此，在半导体开关器件两端并联 RC 缓冲电路以降低电压上升速度，合理选取 RC 的值保持一致性，即可实现较优的动态均压性能。类似于转移支路电力电子开关的均流设计方法，通过对称的结构设计，可以改进耦合负压驱动电路的晶闸管并联均流的效果，同时，在组装过程中，对器件进行筛选，选取通态电压相近的两个器件进行并联。此外，还需保证驱动控制信号的一致性。

5.2.5 耗能支路 MOV 组件及参数

1. 整体结构

耗能支路塔位于高压直流断路器主体左侧前部分，共分 6 层，第一层为检修通道，第二至六层为避雷器组层，每层安装 10 支避雷器，由下面钢结构固定在层间绝缘子上，每层避雷器组由铝排连接。耗能支路平台及单层平台结构如图 5-40、图 5-41 所示。

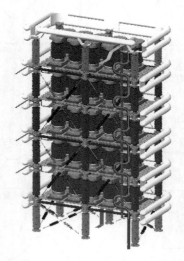

图 5-40　耗能支路平台结构图　　图 5-41　耗能支路单层平台结构图

2. 参数

耗能支路每一层采用 10 只避雷器并联，每一只避雷器内部又有 5 柱电阻片并联，因此每一层共 50 柱电阻片，直流 1mA 的参考电压为 610kV，电阻片 2ms 方波下能量吸收能力为 7kJ/kV。故耗能支路总的吸收能量为 $610 \times 7 \times 50/1.1 = 194$MJ。

采用 50 柱电阻片并联，按照最大开断电流 25kA 计算，每柱电阻片的电流为 0.5kA，该电阻片在 0.5kA 操作冲击电流下的压比为 1.308，避雷器在 25kA 电流下的操作冲击残压为 $610 \times 1.308 = 797.9$kV，其他参数见表 5-10。

表 5-10　　　　　　　　　耗能支路 MOV 主要参数

序号	项目	参数值	单位
1	最大吸收能量（含热备用）	194	MJ
2	能量吸收时间（故障清除时间）	20	ms
3	放电电流	25	kA

续表

序号	项目	参数值	单位
4	短时运行电压（恢复电压）	500	kV
5	550kV 直流电压下的泄漏电流	<1.85	mA
6	参考电压	610	kV
7	残压（瞬态开断电压峰值）	<800	kV
8	额定直流耐受电压，对地（1min）	856	kV
9	额定直流耐受电压，对地（3h）	589（3h）	kV
10	额定操作冲击耐受电压峰值，对地	1175	kV
11	额定雷电冲击耐受电压峰值，对地	1425	kV
12	外套的额定直流耐受电压，端间（1min）	856	kV
13	外套的额定直流耐受电压，端间（3h）	589	kV
14	外套的额定操作冲击耐受电压峰值，端间	920	kV
15	外套的额定雷电冲击耐受电压峰值，端间	1104	kV

耗能支路避雷器经过一次吸能动作后温度升高，需要有足够时间冷却至规定温度，使其保持吸能能力。高压直流断路器控制单元 BCU 设置了慢分成功、合闸于故障后分闸成功、单次快分成功/快分后重合闸成功、快分后重合闸于故障并再次分闸成功共 4 种工况下闭锁断路器分合功能，不同工况下避雷器吸收能量后闭锁时间见表 5-11，避雷器在注入 150MJ 降温，3h 后再次注入 150MJ 后的降温曲线如图 5-42 所示。

表 5-11   不同工况下避雷器吸收能量后闭锁时间

工况	MOV 最大吸收能量（MJ）	闭锁时间（min）
慢分成功	17	30
合闸于故障后分闸成功	47	120
单次快分成功/快分后重合闸成功	95	160
快分后重合闸于故障并再次分闸成功	130	180

5.2.6 供能系统

1. 整体结构

耦合负压式高压直流断路器供能负载为主支路快速机械开关、转移支路电力电子开关及耦合负压装置，采用工频电磁隔离供能方案，通过对地隔离主供能变压器将地电位能量传输至 500kV 高电位，再通过层间隔离变压器隔离每层负载之间的电位差，500kV 主供能变压器放置在断路器阀塔旁边，整体布置如

171

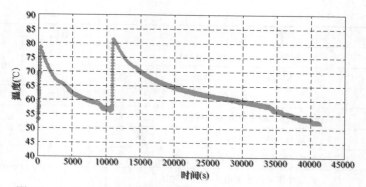

图 5 - 42　注入 150MJ 降温 3h 后再次注入 150MJ 后的降温曲线

图 5 - 43 所示，主支路层间隔离变压器位于快速机械开关旁边，如图 5 - 44 所示。

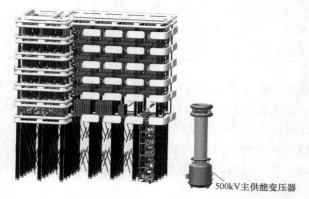

图 5 - 43　500kV 主供能变压器

图 5 - 44　主支路层间供能变压器

转移支路及耦合负压装置层间隔离变压器位于阀塔内部，单独布置在快速机械开关平台和转移支路阀塔之间，转移支路阀塔每个阀层配置了 7 台 20kV 隔离变压器，为每个阀段供能，如图 5 - 45 所示。

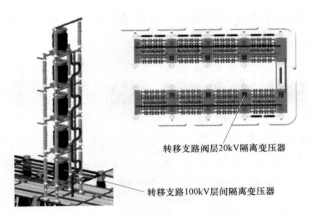

转移支路阀层20kV隔离变压器

转移支路100kV层间隔离变压器

图 5-45　转移支路层间供能变压器

2. 电气结构

耦合负压式高压直流断路器供能系统的接线如图 5-46 所示，其中主供能变压器 1 组，层间隔离变压器 12 组。主支路包含 8 个快速机械开关，按断路器启动充电时的最大功率考虑，每个机械开关的功耗 2kW，则快速机械开关供能变压器总容量为 16kW。转移支路共由 5 层电力电子阀段和一个耦合负压装置构成，按断路器启动充电时的最大功耗考虑，每层阀段和耦合负压装置的功耗均为 2kW，则转移支路及耦合负压装置供能的变压器总容量为 12kW。

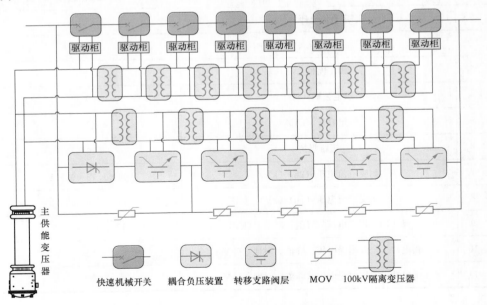

图 5-46　耦合负压式高压直流断路器供能系统接线图

173

转移支路阀层的供能接线图如图 5-47 所示，每个转移支路 100kV 层间隔离变为 7 个 20kV 隔离变供能。

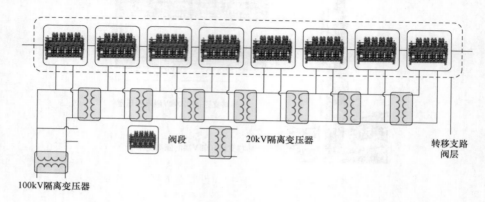

图 5-47　转移支路阀段供能系统接线

耦合负压式高压直流断路器供能变压器共分为 500、100kV 及 20kV 3 个电压等级，其中 500kV 和 100kV 电压等级的隔离变压器在壳体上留有 PE 线接口。各电压等级变压器参数见表 5-12～表 5-14。

表 5-12　　　　　　　　　　　500kV 主供能变压器参数表

序号	名称	参数值
1	额定直流电压（V）	500
2	输入电压（V）	220
3	输出电压（V）	220
4	额定频率（Hz）	50
5	额定容量（kVA）	40
6	短路阻抗	≤10%
7	耐受直流电压（2h）（kV）	803×1.15=923.5
8	耐受交流电压（1h）（kV）	568×1.15=632.2
9	操作冲击耐受电压（峰值，对地）（kV）	1175×1.1=1293
10	雷电冲击全波耐受电压（峰值，对地）（kV）	1425
11	雷电冲击截波耐受电压（峰值，对地）（kV）	1568

表 5 - 13　　　　　　　100kV 隔离变压器参数表

序号	名称	参数值
1	额定直流电压（V）	115
2	输入电压（V）	220
3	输出电压（V）	220
4	额定频率（Hz）	50
5	额定容量（kVA）	15
6	短路阻抗	≤10%
7	耐受直流电压（3h）（kV）	190
8	耐受交流电压（1h）（kV）	140
9	操作冲击耐受电压（峰值，对地）（kV）	234
10	雷电冲击全波耐受电压（峰值，对地）（kV）	288
11	雷电冲击截波耐受电压（峰值，对地）（kV）	288

表 5 - 14　　　　　　　20kV 隔离变压器参数表

序号	名称	参数值	序号	名称	参数值
1	额定直流电压（V）	20	6	短路阻抗	≤10%
2	输入电压（V）	220	7	短时 1min 耐压（kV）	35
3	输出电压（V）	220	8	操作冲击耐压（kV）	40
4	额定频率（Hz）	50	9	雷电冲击耐压（kV）	45
5	额定容量（kVA）	1.4			

5.3　耦合负压式高压直流断路器控制、保护与监视系统

5.3.1　系统架构

耦合负压式高压直流断路器控制保护系统目的在于满足对快速机械开关、多级 IEGT 电力电子开关、耦合负压装置的控制需求，通过对各个模块组件的独立控制，进而实现对整个断路器的控制。同时具备断路器本体保护功能，配合换流站内的直流控制保护系统，构成完整的换流站控制保护系统，确保在极端故障情况下断路器本体的安全。监视系统能够完成对断路器各模块组件的状态信息的采集，统计与记录相关数据并进行分析，正确地显示各设备及系统的运行情况，实时反映监控结果，进而更好的保证断路器的安全可靠运行。

针对耦合负压式高压直流断路器本体物理结构，该断路器控保系统配置以及与换流站控保系统配合的示意图如 5 - 48 所示。

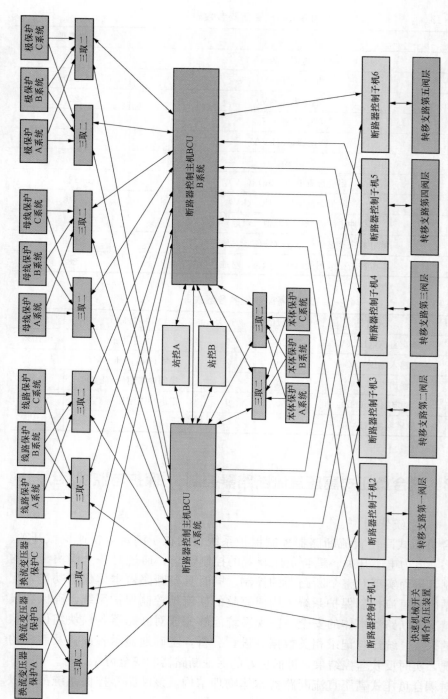

图 5-48 耦合负压式高压直流断路器控制保护系统配置和配合示意图

耦合负压式高压直流断路器控制主机 BCU 一方面主要完成和直流控制保护系统的信号交互，同时接收断路器本体保护/合并单元一体化装置的数据和命令，另一方面和断路器控制子机进行通信。

断流器控制主机 BCU 接收分合闸命令，将命令分解为具体的控制时序并下发至断流器控制子机，控制整个断流器按照预定的顺序控制过程进行分合。断路器控制主机为双重化冗余配置，正常情况下一套为值班机，一套为热备用机，任何一套控制系统存在异常，都不会影响断路器的控制。A/B 套控制主机之间通过双通道光纤进行实时通信，完成值班机和备用机之间的状态切换。

断路器控制子机 1～6 接收断路器控制主机下发的命令，并将命令以极短的延迟扩展下发给机械开关、耦合负压装置及转移支路 IEGT 器件的控制驱动模块，由此实现对断路器的控制。断路器控制子机内部分为对等的 A/B 两套系统。每套直流断路器控制子机均能够接收 A 套和 B 套直流断路器控制主机命令，通过判断 A 套和 B 套控制主机的值班状态，选择值班状态主机的命令执行。

断路器控制子机的 A/B 系统通过冗余的光纤链路对每个底层控制驱动模块进行控制，并同时接收两套模块组件的返回状态，实现对各模块组件的在线实时监视，由此判断每套系统是否正常工作，并将结果上送给断路器控制主机，由控制主机决定 A 套或者 B 套控制系统处于值班状态。

耦合负压式高压直流断路器本体控保系统的架构主要包括本体控制系统架构和本体保护系统架构。本体控制系统架构如图 5-49 所示，包含上层光接口单元、主控单元、下层光接口单元、一次部件驱动触发板卡 4 个层级；除一次部件驱动触发板卡外，其他前 3 个层级均置于断路器控制室内。整个本体控制系统自上而下均采用了双冗余设计，确保了控制命令安全可靠的下发。

本体保护系统主要包括本体过电流保护、组部件冗余保护、辅助设备保护等；本体过电流保护系统基本架构如图 5-50 所示，包含 3 套独立的保护装置，以及独立的三取二装置，三取二装置与断路器本体控制系统主控单元 BCU 的 A、B 接口交叉冗余设计。

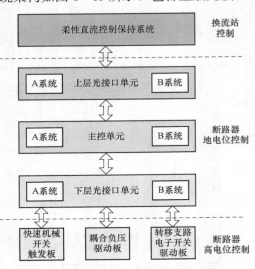

图 5-49　耦合负压式高压直流断路器本体控制系统架构图

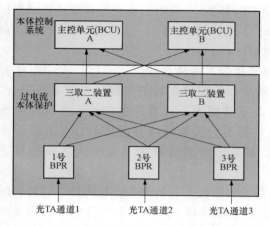

图 5-50　耦合负压式高压直流断路器本体
保护系统基本架构

耦合负压式直流断路器通过本体控制系统对一次组部件的状态进行采集和分析，以实现组部件冗余保护。辅助设备保护主要包括不间断电源 UPS 设备保护等。

单台耦合负压式高压直流断路器控制保护系统配置 11 面屏柜，如图 5-51 所示，断路器控制主机屏 2 面、本体保护屏 1 面、断路器控制子机屏 3 面、监视屏 2 面、光 TA 就地采集柜 2 面、服务器柜 1 面。断路器控制保护设备主要由主控制机箱以及通信管理机和交换机等组成。

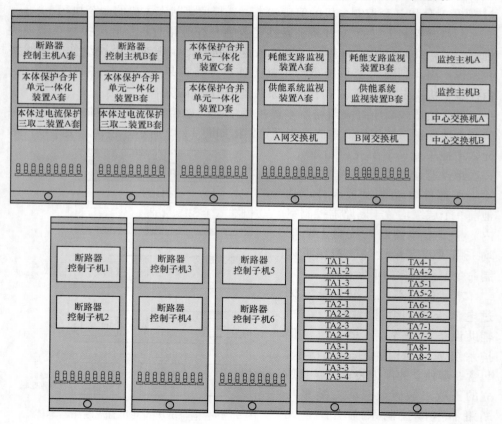

图 5-51　耦合负压式高压直流断路器控制保护屏柜

5.3.2　测量系统

为了实现耦合负压式高压直流断路器的控制保护功能，需要在主支路、转移总支路和耗能支路上配置光 TA 用于测量各个支路的电流。

耦合负压式高压直流断路器控制保护系统配置的测点如下。

（1）总支路电流 TA1：配置 4 个一次光纤环（含一个热备用）。

（2）主支路电流 TA2：配置 4 个一次光纤环（含一个热备用）。

（3）转移支路电流 TA3：配置 4 个一次光纤环（含一个热备用）。

（4）耗能支路避雷器电流 TA4～TA8，每层布置一个测点，每个测点配置 2 个一次光纤环，测点位置如图 5-52 所示。

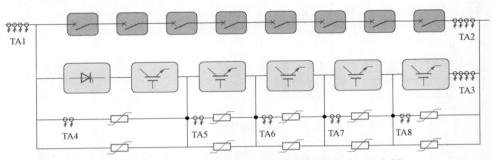

图 5-52　耦合负压式高压直流断路器测量系统配置示意图

光 TA 中均配置远端采样模块 RTU，将采集的电流值通过光纤分别送给 3 台本体过电流保护合并单元一体化设备，每 1 台本体过电流保护合并单元对 3 个 TA 送过来的数据实时进行插值与合并，同时进行过电流保护判断，并以极短的时延将合并后的采样值和过电流判断结果送给三取二装置，经过三取二装置进行确认后发给控制主机 BCU。

为了实现耗能支路的监视功能，在耗能支路每一层上配置了光 TA，用于采样每个支路的电流。每个测点采样的电流需要分别送给辅助监测设备 A 和辅助监测设备 B。辅助监测设备通过采集的电流值，计算耗能支路 MOV 动作次数或是否故障。

5.3.3　控制系统

1. 快分时序

表 5-15 为快分时耦合负压式高压直流断路器各部分的分闸时序。

表 5-15　　　　　　　　　　　　快分时分闸时序

时间（ms）	动作过程
0	直流线路发生故障
+3	快速机械开关接到分闸指令开始分闸，同时导通转移支路 IEGT

续表

时间（ms）	动作过程
+1.4	耦合负压装置启动，开始产生高频电流
+0.2（正向开断）/ +0.6（反向开断）	快速机械开关电弧电流过零；连续3个控制周期出现主支路电流下降到小于主支路电流转移结束值
+0.9	快速机械开关介质绝缘恢复；转移支路IEGT关断
+0.03	电压建立，线路电流开始下降

耦合负压式高压直流断路器在快分过程中不同工况下的处理措施如图5-53所示。

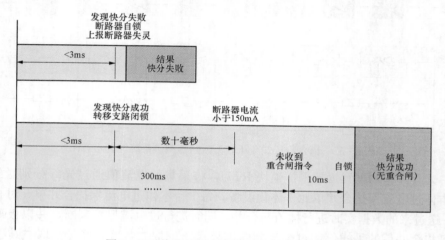

图5-53　快分过程中不同工况下的处理措施

2. 慢分时序

表5-16为慢分时耦合负压式高压直流断路器各部分的分闸时序。

表5-16　　　　　　　　　　　慢分时分闸时序

时间（ms）	动作过程
0	快速机械开关接到分闸指令开始分闸，同时导通转移支路
+2	耦合负压装置启动，开始产生高频电流
+2	快速机械开关电弧电流过零；连续3个控制周期出现主支路电流下降到小于主支路电流转移结束值
+6	快速机械开关介质绝缘恢复；转移支路IEGT关断

耦合负压式高压直流断路器在慢分过程中不同工况下的处理措施如图5-54所示。

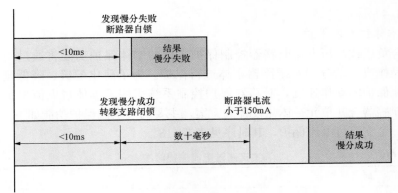

图 5 - 54　快分过程中不同工况下的处理措施

3. 合闸时序

表 5 - 17 为耦合负压式高压直流断路器合闸时序。

表 5 - 17　　　　　　　　　　合 闸 时 序

时间（ms）	动作过程
0	断路器收到合闸指令，发出转移支路 IEGT 触发信号，转移支路 IEGT 全部导通
+5	主支路快速机械开关接到合闸命令
+25	快速机械开关合闸完毕
+5	闭锁转移支路 IEGT

耦合负压式高压直流断路器在合闸过程中不同工况下的处理措施如图 5 - 55 所示。

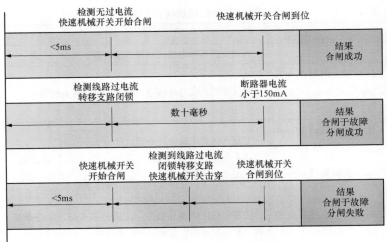

图 5 - 55　合闸过程中不同工况下的处理措施

181

5.3.4 保护功能

1. 本体过电流保护

耦合负压式高压直流断路器控制保护主机的本体保护功能将通过闭锁断路器分合操作或主动分闸对断路器本体进行保护。为了简化配置、降低延迟、加快过电流保护的动作速度，断路器保护控制系统采用了本体过电流保护功能和电子式互感器合并单元一体化设计的方案，主要的过电流保护功能如下。

（1）主支路过电流保护，其时序见表 5-18。

表 5-18　　　　　　　　　　　　主支路过电流保护时序

时间	动作
0	主支路实际电流达到保护整定值
＋T_1（阶跃响应上升时间＋采集单元或远端模块采集时间＋传输延时）	单次采集的信号传输至三套本体过电流保护单元
＋T_2（本体保护处理时间＋连判时间）	三套本体过电流保护分别出口
＋T_3（三取二装置处理延时＋传输延时）	三取二装置出口信号到达直流断路器控制单元 禁止断路器分闸（直到电流小于电流整定值） 此时若收到快分指令，则向直流控制保护发断路器失灵信号

主支路过电流闭锁保护电流定值不宜过高，防止断路器主支路熄弧失败，整定值设置为 13kA，总时间 $T \leqslant 250\mu s$。

（2）转移支路分闸过电流保护，其时序见表 5-19。

表 5-19　　　　　　　　　　　　转移支路过电流保护时序

时间	动作
0	转移支路实际电流达到保护整定值
＋T_1（阶跃响应上升时间＋采集单元或远端模块采集时间＋传输延时）	单次采集的信号传输至三套本体过电流保护单元
＋T_2（本体保护处理时间＋连判时间）	三套本体过电流保护分别出口
＋T_3（三取二装置处理延时＋传输延时）	三取二装置出口信号到达断路器控制单元
＋T_4（控制主机处理延时＋传输延时）	控制主机出口动作指令，闭锁转移支路，断路器禁分禁合，同时向直流控制保护发断路器失灵信号

转移支路过电流闭锁保护电流定值应以断路器转移支路的最大分断电流能力为限，整定值为 23.5kA，总时间 $T \leqslant 390\mu s$。

（3）合闸过电流保护，其时序见表 5-20。

表 5-20　　　　　　　　　　　合闸过电流保护时序

时间	动作
0	转移支路 IEGT 导通后，断路器实际电流达到合闸过电流保护定值
$+T_1$（阶跃响应上升时间＋采集单元或远端模块采集时间＋传输延时）	单次采集的信号传输至三套本体过电流保护
$+T_2$（本体保护处理时间＋连判时间，连判应不少于 3 个点）	三套本体过电流保护分别出口
$+T_3$（三取二装置处理延时＋传输延时）	三取二装置出口信号到达 BCU
$+T_4$（控制主机处理延时＋传输延时）	控制主机出口动作指令，闭锁转移支路
T_5（转移支路缓冲电容充电）	断路器总电流开始下降

合闸过电流保护在断路器合闸于预判故障后及时分闸，保护直流系统不受到冲击以及断路器本体设备，整定值为 6.8kA，总时间 $T \leqslant 440\mu s$。

2. 耗能支路过热保护

耦合负压式高压直流断路器执行与分闸有关的操作后，耗能支路 MOV 由于吸收能量产生大量热量，需要自锁一段时间以散热保护 MOV，断路器分闸后自锁时间见表 5-11。

3. 组部件冗余保护

（1）快速机械开关冗余。快速机械开关共 8 个断口，其中分闸时为 1 个冗余断口，合闸时无冗余断口。

（2）转移支路冗余。转移支路共分 5 级（层）模块串联，每级（层）模块含 64 个 IEGT 串联，其中 6 个为冗余 IEGT。

（3）耦合负压回路冗余。耦合负压装置中的晶闸管以 13 级（含 2 个冗余）串联为一组，4 组并联。任意一组中晶闸管冗余个数为 2。

当监测到快速机械开关、IEGT 及耦合负压装置晶闸管超过冗余数时，断路器保护系统发出断路器禁分禁合指令，若此时断路器接到快分指令，则向直流控制保护发断路器失灵信号。

4. 辅助设备监视保护

不间断电源 UPS 监视及保护功能见表 5 - 21。

表 5 - 21 不间断电源 UPS 保护功能

状态	处理逻辑	备注
1 套 UPS 故障	轻微故障报警	
2 套 UPS 故障	严重故障，断路器禁分禁合	若收到快分指令，则向直流控制保护发断路器失灵信号
切换至静态旁路支路超时	严重故障，断路器禁分禁合	若收到快分指令，则向直流控制保护发断路器失灵信号
1 路站用电失电	轻微故障报警	
2 路站用电失电	严重故障，切换至蓄电池供电，如电池电量耗尽，断路器禁分禁合	若收到快分指令，则向直流控制保护发断路器失灵信号

5.3.5 监视系统

1. 主支路快速机械开关监视方案

正常运行时，耦合负压式高压直流断路器通过监视快速机械开关的储能电容确认快速机械开关是否能进行相关操作，从而产生相关的闭锁或冗余不足信号。

在动作时，耦合负压式高压直流断路器通过快速机械开关反馈的动作结果来判断整个断路器动作是否成功或是否存在冗余不足的问题。

当快速机械开合闸异常或分闸冗余不足，则产生相应的异常信号或断路器闭锁失灵信号。

主支路快速机械开关的监视界面如图 5 - 56 所示。

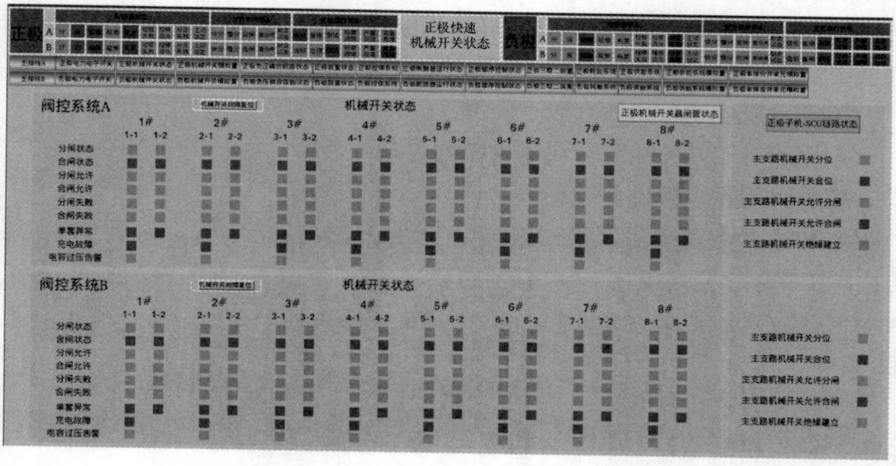

图 5 - 56　主支路快速机械开关模块监视界面

2. 转移支路电子开关监视方案

如图 5-57 为 IEGT 的示意图，IEGT 损坏的情况下通常会出现两种情况。

（1）c 极和 e 极之间击穿，呈现短路状态。

（2）g 极和 e 极之间被击穿，呈现短路状态。

因此可以通过 U_{ce} 和 U_{ge} 的电压来判断 IEGT 电力电子器件是否出现了问题。

如图 5-58 所示，当 U_1 电压较大，而 IEGT 的 U_{ce} 电压接近 0 时，则判断该 IEGT 短路损坏；当 IEGT 的 U_{ce} 电压接近 U_1，则判断该 IEGT 断路损坏。

正常时，IEGT 门极驱动电压为正电压或负电压，当 U_{ge} 偏离正常驱动电压且接近 0 时，则可以判断 IEGT 门极失效。

图 5-57　IEGT 电气示意图

当转移支路一层阀组中 IEGT 损坏的数量超出冗余的数量时，则判该层 IEGT 冗余不足，闭锁断路器相关操作。

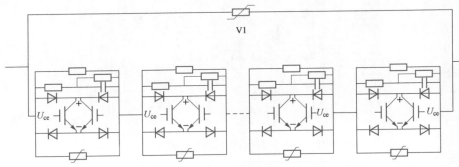

图 5-58　IEGT 检测原理示意图

转移支路电力电子开关的监视界面如图 5-59 所示。

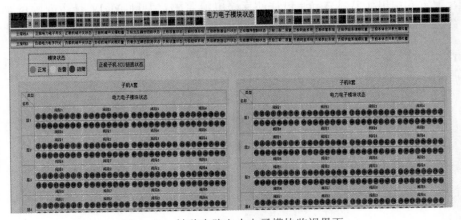

图 5-59　转移支路电力电子模块监视界面

185

3. 耦合负压回路监视方案

耦合负压装置里面主要的构成组件为储能电容和晶闸管。耦合负压回路控制单元通过采集储能电容的电压判断耦合负压回路的储能电容是否正常。触发晶闸管为4并13串的结构。晶闸管驱动模块会对每个晶闸管的状态进行监视，当每串中晶闸管异常的数目超过冗余数时，则耦合负压回路将存在失效风险。储能电容异常或某串晶闸管冗余不足的情况下，耦合负压回路失效，将闭锁相关操作根据需要发出断路器失灵信号。耦合负压装置的监视界面如图5-60所示。

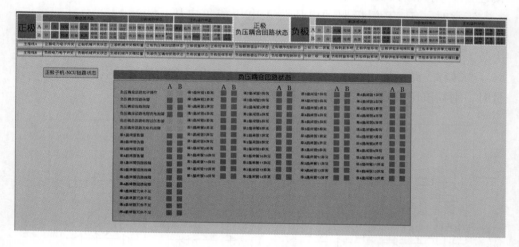

图5-60 耦合负压模块监视界面

4. 耗能支路监视方案

如图5-61所示，耦合负压式高压直流断路器耗能支路共配置6个电流测点，配置6组电子式TA，通过耗能支路电流监测，判断MOV是否故障或动作次数。

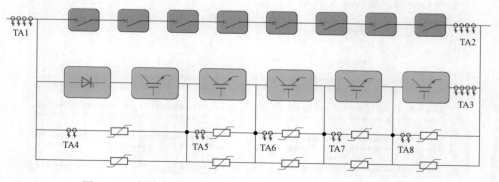

图5-61 耦合负压式高压直流断路器耗能支路监视方案示意图

耗能支路 MOV 故障判据为

$$|(I_{TA1} - I_{TA2} - I_{TA3}) \times 0.5 - I_{TAx}| > I_{set1}(x \text{ 取 } 4 \sim 8)$$

耗能支路 MOV 动作次数判据为

$$|I_{TA1} - I_{TA2} - I_{TA3}| > I_{set2}$$

则耗能支路所有 MOV 动作次数+1。耗能支路监视界面如图 5-62 所示。

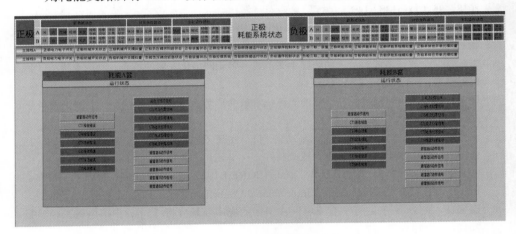

图 5-62　耗能模块监视界面

参 考 文 献

[1] 许剑．国际能源转型的技术路径与中国的角色 [J]．云南大学学报（社会科学版），2018, 96 (3)：138-146.

[2] 周吉平．全球能源转型与中国全面深化改革开放 [J]．国际石油经济，2019, 27 (1)：42-50.

[3] 李昕蕾．全球清洁能源治理的跨国主义范式—多元网络化发展的特点、动因及挑战 [J]．国际观察，2017 (6)：137-154.

[4] 饶宏，李立涅，郭晓斌，等．我国能源技术革命形势及方向分析 [J]．中国工程科学，2018, 20 (3)：17-24.

[5] 王英楠，高旭天．为能源经济注入新动能 [J]．实践（党的教育版），2018, 677 (4)：17-19.

[6] 张博庭．我国水电发展迎来重大政策利好 [J]．水电与新能源，2018, 32 (1)：1-4.

[7] GUNNAR A, CARL B, ULF B, et al. CIGRE B4-52 working group-HVDC grid feasibility study [M]．Melbourne：International Council on Large Electric Systems，2011.

[8] 温家良，吴锐，彭畅，等．直流电网在中国的应用前景分析 [J]．中国电机工程学报，2012, 32 (13)：7-12.

[9] 药韬．高压直流断路器方案设计与原理验证 [D]．北京：中国电力科学研究院，2015.

[10] 黄国柱，朱玉鹏．智能电网中先进电力电子技术的应用问题分析 [J]．建筑技术开发，2018, 390 (12)：14-16.

[11] 饶宏．南方电网大功率电力电子技术的研究和应用 [J]．南方电网技术，2013, 7 (1)：1-5.

[12] 肖思明．电力电子技术在高压直流输电中的应用 [J]．通信电源技术，2017, 34 (4)：112-113.

[13] 刘进军．电能系统未来发展趋势及其对电力电子技术的挑战 [J]．南方电网技术，2016, 10 (3)：78-81.

[14] 李斌，何佳伟．多端柔性直流电网故障隔离技术研究 [J]．中国电机工程学报，2016 (1)：87-95.

[15] 李莉．混合式高压直流断路器换流特性和开断性能研究 [D]．成都：西华大学，2018.

[16] 苏见燊，郭敬东，金涛．柔性直流电网中直流故障特性分析及线路故障重启策略 [J]．电工技术学报，2019 (A01)：352-359.

[17] 吴婧，姚良忠，王志冰，等．直流电网 MMC 拓扑及其直流故障电流阻断方法研究 [J]．中国电机工程学报，2015, 35 (11)：2681-2694.

[18] 李晔．柔性直流系统直流故障处理与交互影响研究 [D]．天津：天津大学，2017.

[19] 郭贤珊，李探，李高望，等．张北柔性直流电网换流阀故障穿越策略与保护定值优化 [J]．电力系统自动化，2018, 42 (24)：291-300.

[20] 时伯年，李岩，孙刚，等．基于全过程故障电流的多端柔直配电网直流故障保护策略

［J］．高电压技术，2019，45（10）：3076-3083.

［21］周猛，向往，林卫星，等．柔性直流电网直流线路故障主动限流控制［J］．电网技术，2018，42（7）：2076-2072.

［22］MarquardtR. Modular multilevel converter：an universal concept for HVDC-networks and extended dc-bus-applications［C］/2010 International Power Electronics Conference（IPEC）．Sapporo, Jpan：2010：502-507.

［23］魏晓光，杨兵建，汤广福．高压直流断路器技术发展与工程实践［J］．电网技术，2017（10）：91-99.

［24］沙彦超，蔡巍，胡应宏，等．混合式高压直流断路器研究现状综述［J］．高压电器，2019（9）：64-70.

［25］丁骁，汤广福，韩民晓，等．IGBT串联阀混合式高压直流断路器分断应力分析［J］．中国电机工程学报，2018，36（6）：1846-1856.

［26］高阳，贺之渊，王成昊，等．一种新型混合式直流断路器［J］．电网技术，2016，40（5）：1320-1325.

［27］彭发喜，汪震，邓银秋，等．混合式直流断路器在柔性直流电网中应用初探［J］．电网技术，2017，41（7）：2092-2098.

［28］郑旭，丁坚勇，朱若曦，曾妮，毛承雄，王丹．电流源型机电混合式直流断路器在特高压直流输电系统中的应用［J］．高电压技术，2016（7）：2243-2250.

［29］张祖安，黎小林，陈名，等．160 kV超快速机械式高压直流断路器的研制［J］．电网技术，2018，42（7）：2331-2338.

［30］Bachmann B，Mauthe G，Ruoss E，et al. Development of a 500kV Airblast HVDC Circuit Breaker［J］. IEEE Transactions on Power Apparatus & Systems，1985，104（9）：2460-2466.

［31］陈名，黎小林，许树楷，等．机械式高压直流断路器工程应用研究［J］．全球能源互联网，2018（4）：423-429.

［32］胡徐铭，王丰华，周荔丹，等．基于可控硅串联技术的新型固态高压直流断路器［J］．电测与仪表，2018，55（5）：88-94.

［33］王亮，王子才，张华，等．高压固态断路设备均压技术研究［J］．电气传动，2019，49（2）：76-80.

［34］马钊．直流断路器的研发现状及展望［J］．智能电网，2013（1）：12-16.

［35］M. Callavik, A. Blomberg, J. Häfner, and B. Jacobson, "The hybrid HVDC breaker—An innovation breakthrough enabling reliable HVDC grids," ABB Grid Syst. Tech. Paper, Nov. 2012.

［36］魏晓光，杨兵建，贺之渊，等．级联全桥型直流断路器控制策略及其动态模拟试验［J］．电力系统自动化，2016（1）：129-135.

［37］Grieshaber W，Violleau L. Development and test of a 120kV direct current circuit breaker［C］//CIGRE Session. Paris：CIGRE，2014：B4-301.

［38］刘高任，许烽，徐政，等．适用于直流电网的组合式高压直流断路器［J］．电网技术，

2016，40（1）：70 - 77.

[39] 刘黎，蔡旭，俞恩科，等．舟山多端柔性直流输电示范工程及其评估 [J]．南方电网技术，2019（3）：79 - 88.

[40] 裴鹏，黄晓明，王一，等．高压直流断路器在舟山柔直工程中的应用 [J]．高电压技术，2018，044（2）：403 - 408.

[41] 张祖安，黎小林，陈名，等．应用于南澳多端柔性直流工程中的高压直流断路器关键技术参数研究 [J]．电网技术，2017，041（8）：2417 - 2422.

[42] 郭铸，刘涛，陈名，等．南澳多端柔性直流工程线路故障隔离策略 [J]．南方电网技术，2018，012（2）：41 - 46.

[43] 郭贤珊，周杨，梅念，等．张北柔直电网的构建与特性分析 [J]．电网技术，2018，42（11）：3698 - 3707.

[44] 王章启，邹积岩，何俊佳．电力开关技术 [M]．武汉：华中科技大学出版社，2003.

[45] 刘爱民，林莘．断路器操动机构用圆筒型直线感应电动机控制系统研究 [J]．中国电机工程学报，2009，29（27）：112 - 118.

[46] 刘艳，陈丽安．基于 SOM 的真空断路器机械故障诊断 [J]．电工技术学报，2017，032（5）：49 - 54.

[47] 管瑞良，刘洪武．有源配电网中的断路器应用研究 [J]．电力系统保护与控制，2015，43（3）：127 - 130.

[48] 何俊佳．高压直流断路器关键技术研究 [J]．高电压技术，2019，45（8）：8 - 16.